超可爱的
毛绒球小动物

日本宝库社　编著
陈亚敏　译

河南科学技术出版社
·郑州·

一个毛绒球的小动物

一圈一圈地缠绕毛线，打结，修剪，即可做成可爱的毛绒球小动物。胖胖圆圆的形状甚是惹人喜爱。在此基础上，修剪做成各种形状的小动物，转眼间，鸡蛋、小鸡、鹦鹉就都呈现在眼前了，太不可思议了！

鸡蛋与小鸡

毛绒球鸡蛋是一款最基本的作品。新手一定要从鸡蛋开始做起。鸡蛋做好了，就可挑战制作小鸡了。制作的小鸡可能看起来和图片不太一样，但是只要是小鸡的样子就可以哟！

 设计、制作●须佐沙知子　　制作方法●(鸡蛋)见第5~6页，(小鸡)见第6~7页

圆嘟嘟的毛绒球鹦鹉，宛如饭团形状。使用2种颜色的线，搭配制作鹦鹉的翅膀和身体。如下图所示，随意2种颜色的毛线可搭配制作出鹦鹉的很多小伙伴。

鹦鹉

设计、制作●NAGAI MASAMI　制作方法●见第8页

鸡蛋与小鸡的制作方法

通过制作毛绒球鸡蛋可以掌握毛绒球小动物的基础制作方法。一圈一圈地缠绕毛线，打结，修剪，即可做成可爱的毛绒球鸡蛋。使用不同颜色的毛线制作，多个鸡蛋排在一起，可爱极了。毛绒球鸡蛋制作好之后，马上即可着手制作毛绒球小鸡了。

所需材料和工具

毛线

任何一种毛线都可制作毛绒球玩具。只是绕线的次数要根据线的粗细度来决定。

剪刀

建议使用刀刃锋利的剪刀。尖头的比较适合精细制作时使用。

缠线工具

绒球器

型号H204－550

制作毛绒球小动物的必备工具之一。把2块塑料板如图对齐即可使用。有以下四种尺寸，根据作品的大小，分别使用。

直径3.5cm　　直径5.5cm　　直径7cm

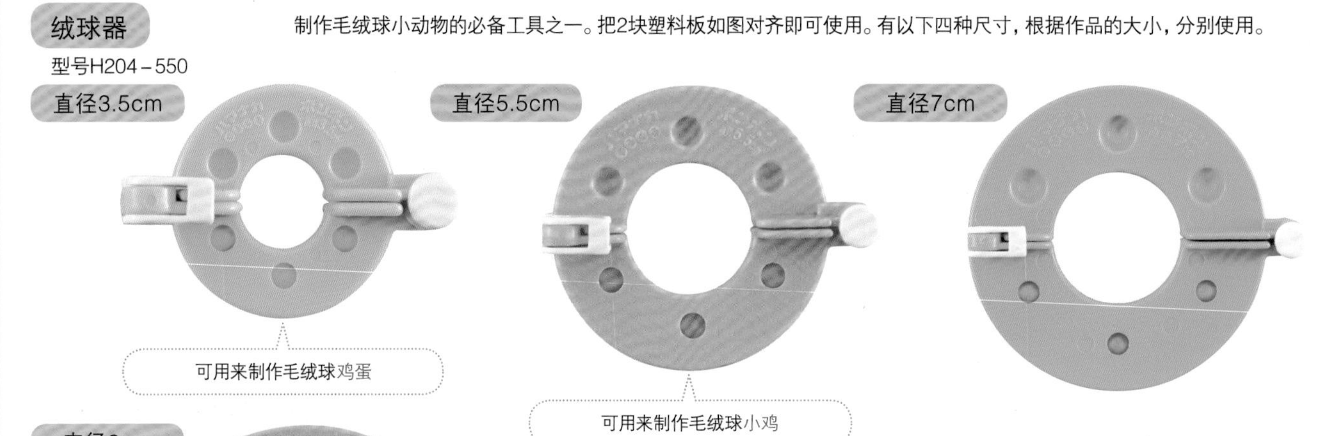

可用来制作毛绒球鸡蛋

可用来制作毛绒球小鸡

直径9cm

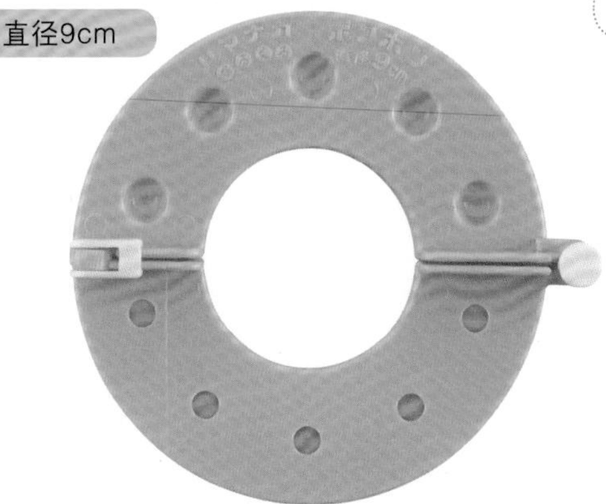

如下图所示，这些也可缠绕毛线。

手

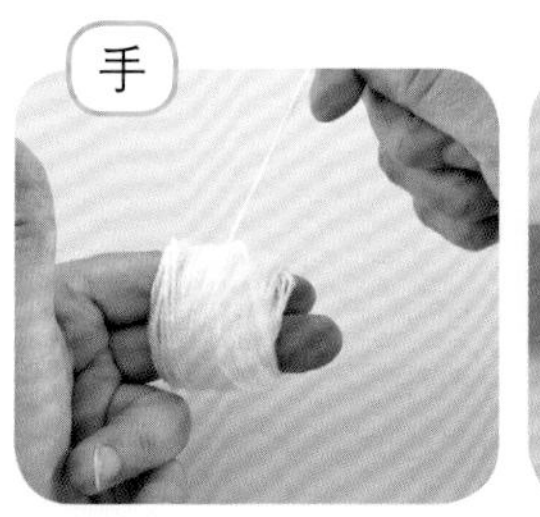

厚纸板

叉子

一起来制作第2页的毛绒球鸡蛋吧！

设计、制作●须佐沙知子

完成尺寸●高4cm，宽3.5cm，厚3.5cm

●材料

和麻纳卡 Tino线　白色(1)　4g

●工具

直径3.5cm的绒球器

1. 制作毛绒球

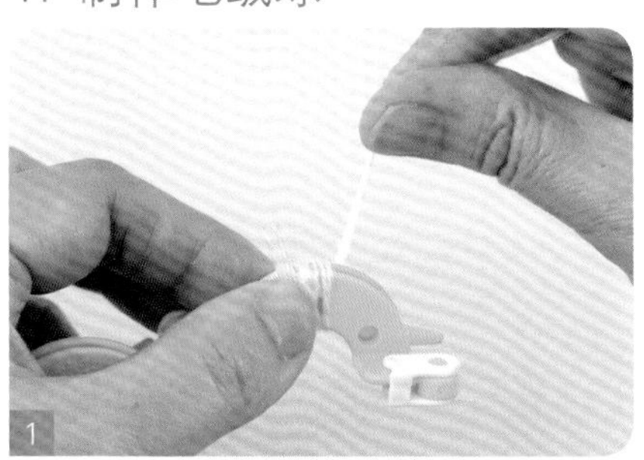

2根线（分别从线团的开始和结束处拉线）往绒球器上缠线。

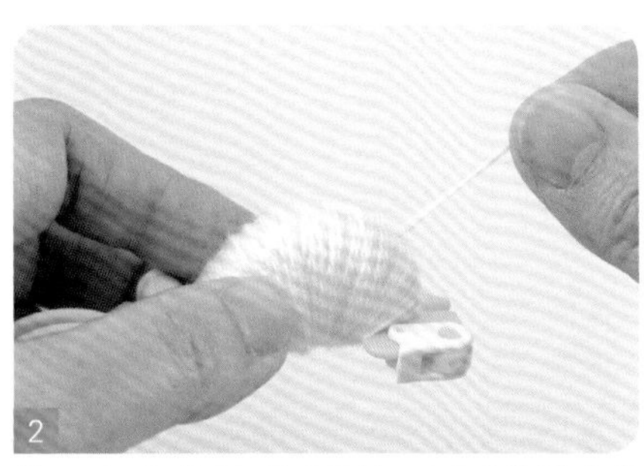

缠160次后，剪断。绒球器的一半塑料板缠线结束。

处理线头的方法

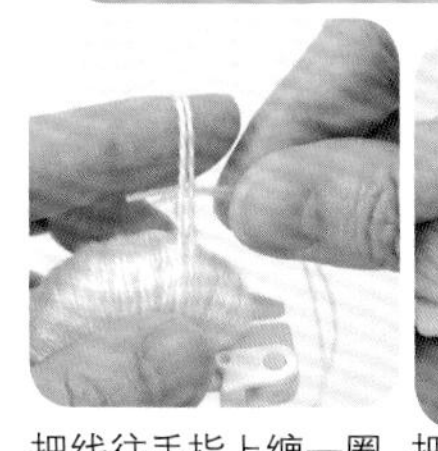

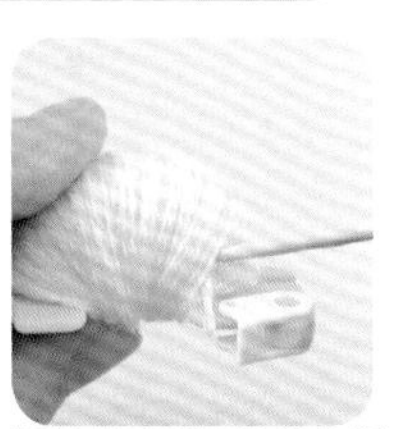

把线往手指上缠一圈，把线头塞进2根线之间（如左图），或者用牙签把线头塞进绒球器上的线圈里（如右图）。

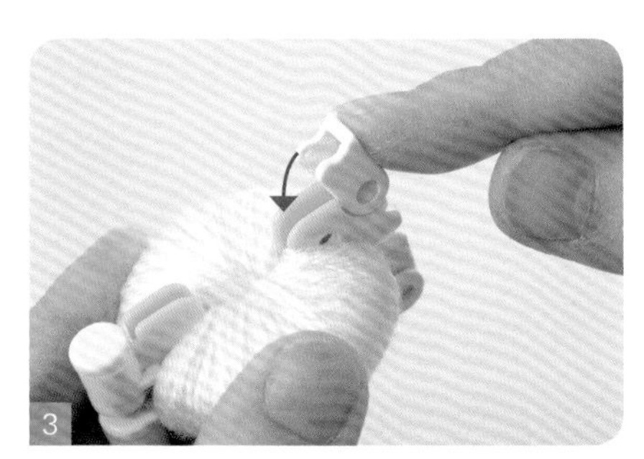

绒球器的另一半塑料板按照上述方法缠线，同样缠160次。之后，把绒球器的两半塑料板对成一个圆形，取掉挡板。

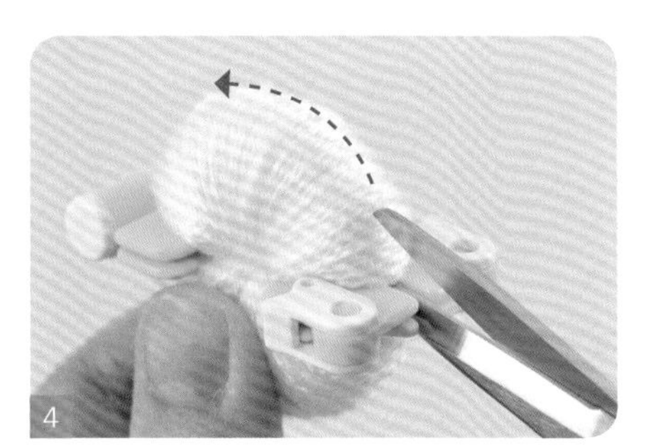

如图从绒球器的中间插入剪刀，剪线。

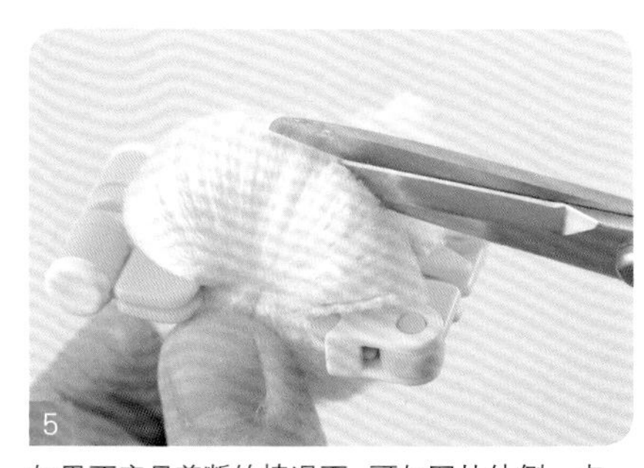

如果不容易剪断的情况下，可如图从外侧一点一点地剪。这样剪线一周。

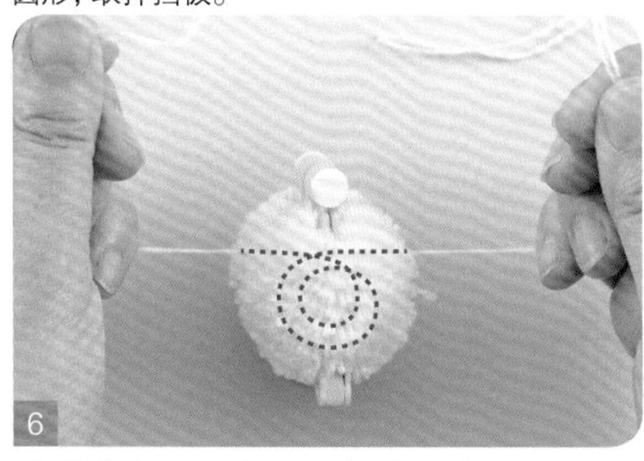

2根线留出30cm的线头，打结用。把线头往绒球器的中间缠2次，慢慢系紧，然后打结。

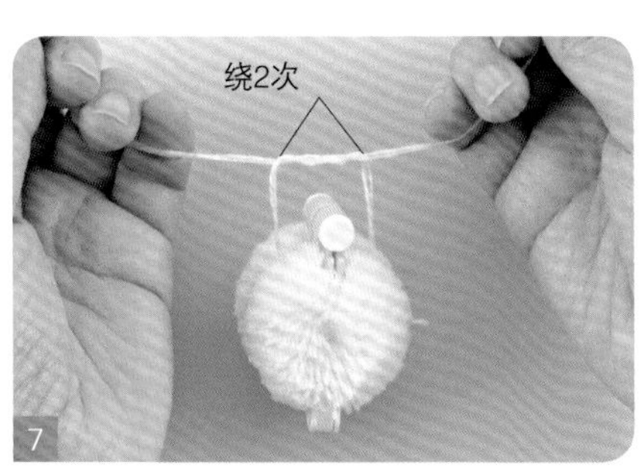

一定要确认线是否缠好，把线头绕2次之后再打结，最后线头绕1次再打结进行固定。

取掉绒球器，毛绒球就制作完成了。然后修剪，整理其形状。

2. 修剪成鸡蛋的形状

1
首先，把下面修剪平整。

2
为了能使鸡蛋立着，剪成如图的形状。

3
下半部分剪成圆形。

4
下半部分修剪整理完成。

5
接下来，上半部分朝上，剪成有点尖尖的感觉。

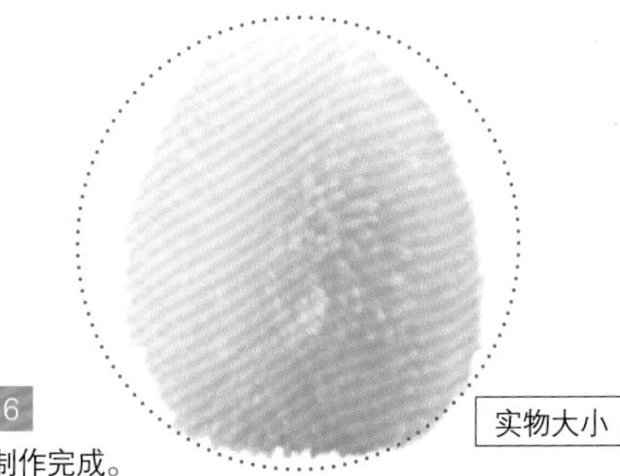

6
制作完成。
虚线处为修剪之前的形状。

02页

设计、制作●须佐沙知子

完成尺寸●高5.5cm，宽5cm，深5cm

●材料

和麻纳卡Tino线　黄色(8)　13g

不织布(橙色)　1.5cm×3cm

眼睛(黑色)　直径5mm　2个

●工具

直径5.5cm的绒球器

小鸡的制作方法

1. 制作主体

1
把2根线在直径5.5cm的绒球器上下各缠400次，制作毛绒球(毛绒球的制作方法参照第5页)。

2
表面大致修剪一下，剪掉多余的线。

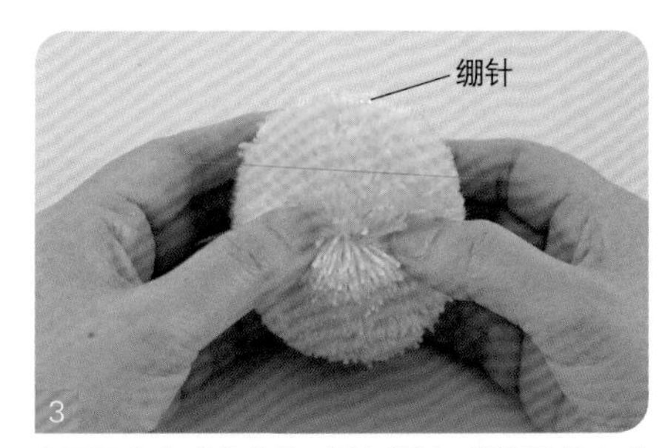

3
为了区分小鸡的身体，插入绷针。需要找找小鸡的脖子(大概在毛绒球上下1/2处)，用手指把毛绒球分开。

修剪小鸡

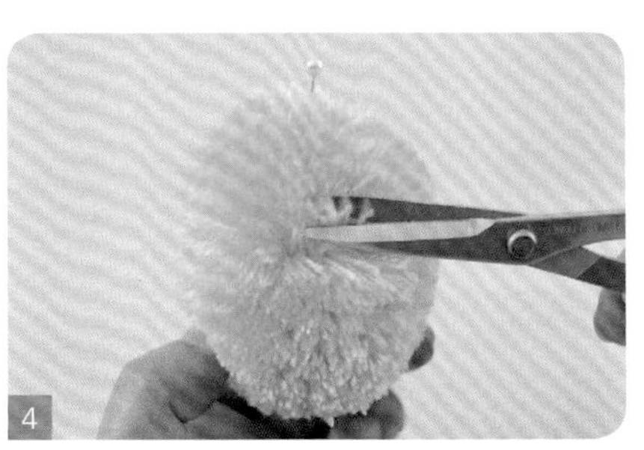

以刚才的区分处为标记，把毛绒球修剪成小鸡的形状。

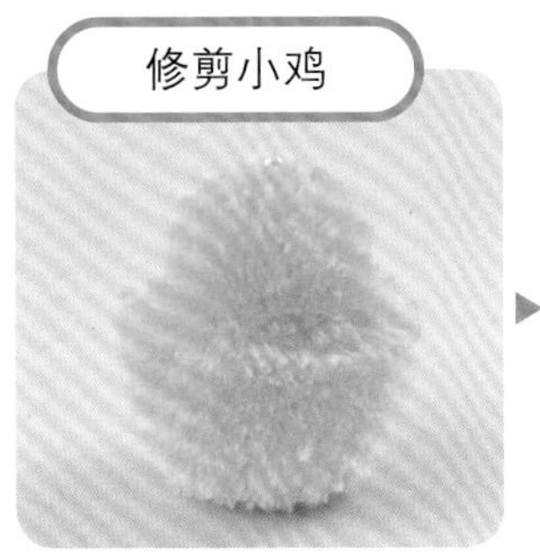

从脖子上方如图修剪一小圈，头部完成。取掉绷针。

把有棱角的肩部整理修剪成如图的形状。

把脖子四周修剪得明显点，以区分头部和身体。虚线处为修剪之前的形状。

2. 安装小鸡嘴巴

实物大小纸样

嘴巴
不织布（橙色）
2块

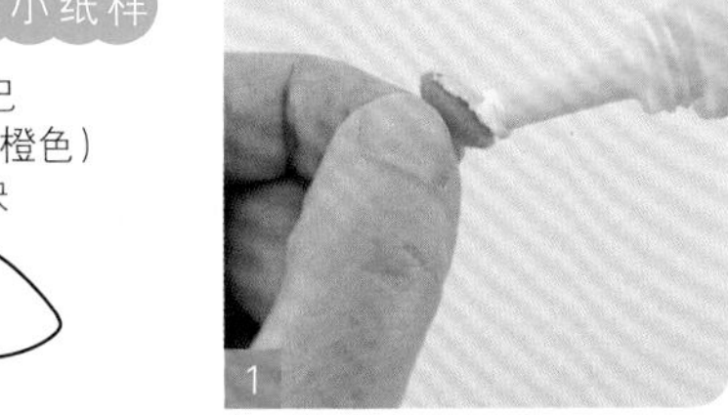

把不织布裁成纸样的形状，在不织布的背面涂上黏合剂。用手指捏住不织布，做成小鸡嘴巴的形状。

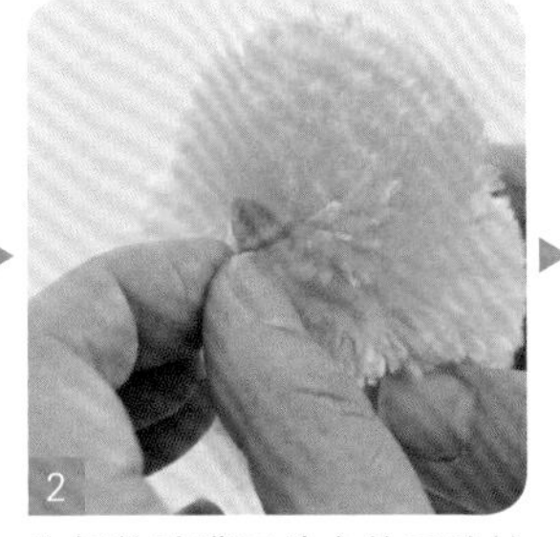

先把粘贴嘴巴地方的毛绒摊平，把涂有黏合剂的一面的嘴巴下半部分粘贴上。

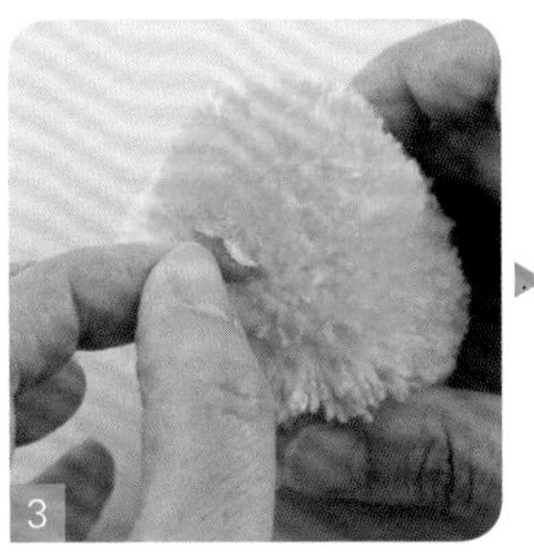

按照上述方法，安装嘴巴的上半部分。

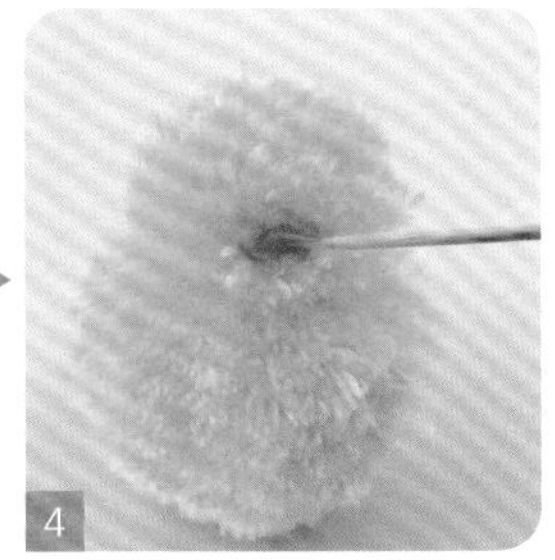

用牙签整理一下嘴巴的形状。

3. 安装小鸡的眼睛

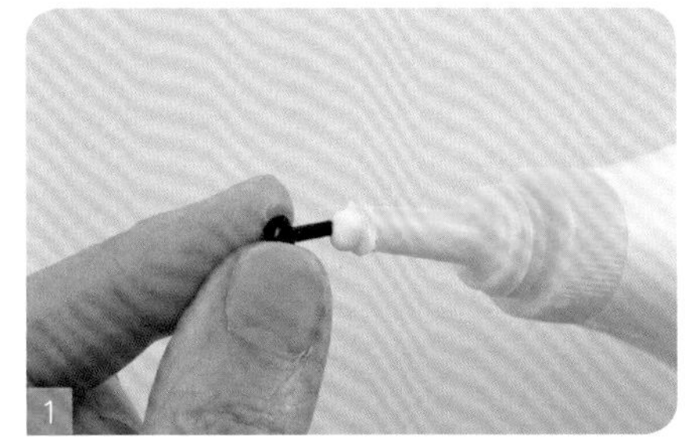

如图在眼睛的小轴上涂上黏合剂。

先把粘贴眼睛地方的毛绒摊平，把眼睛插进去。

用2种颜色的毛线，来制作第3页的鹦鹉吧！

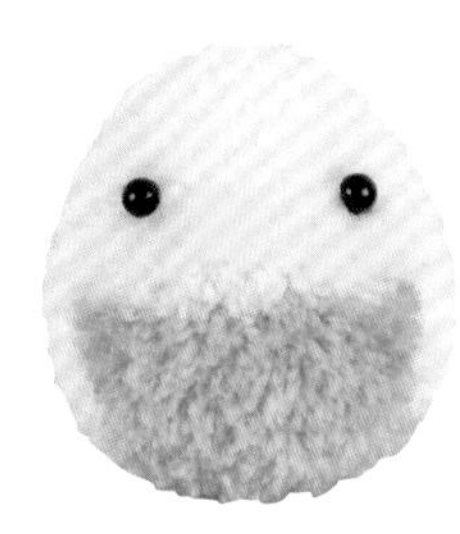

如果能很擅长地缠绕2种颜色的毛线，就宛如毛绒球上长出了翅膀，一定要尝试一下哦！

设计、制作●NAGAI MASAMI
完成尺寸●
高5cm，宽4.5cm，厚4.5cm

［白色×淡蓝色］
●材料
和麻纳卡Tino 线

白色（1） 8g、淡蓝色（11） 4g
眼睛（黑色） 直径5mm 2个毛球（黄色） 直径8mm 1个
●工具
直径5.5cm的绒球器

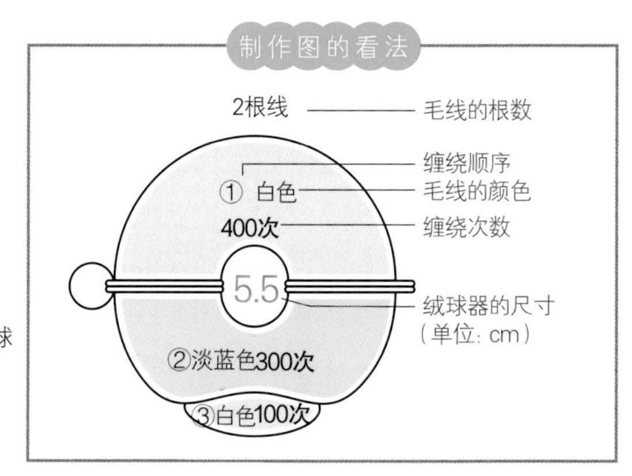

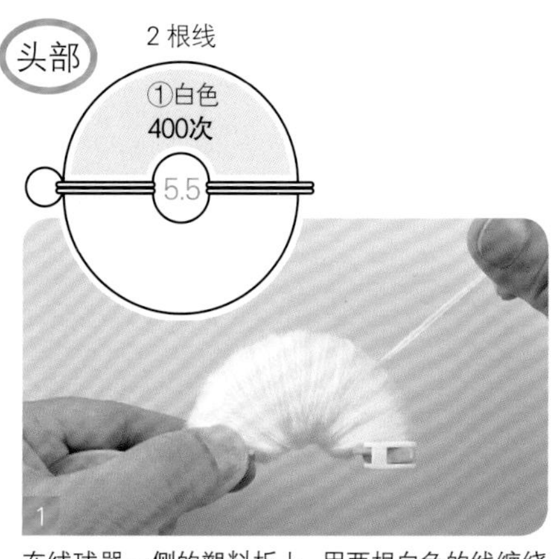

在绒球器一侧的塑料板上，用两根白色的线缠绕400次。

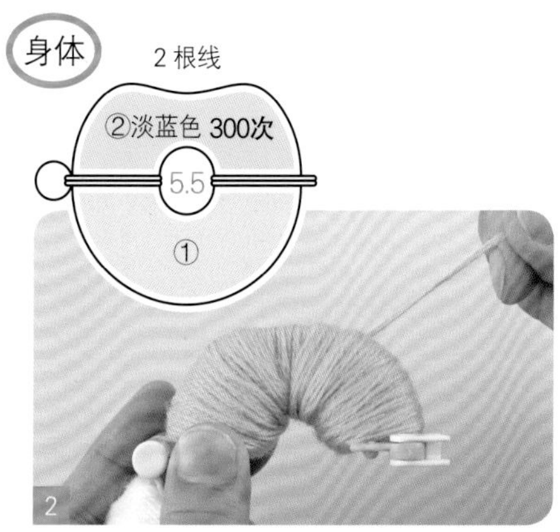

在绒球器另一侧的塑料板上，用两根淡蓝色的线缠绕300次。注意如图所示中心处缠线稍微少点。

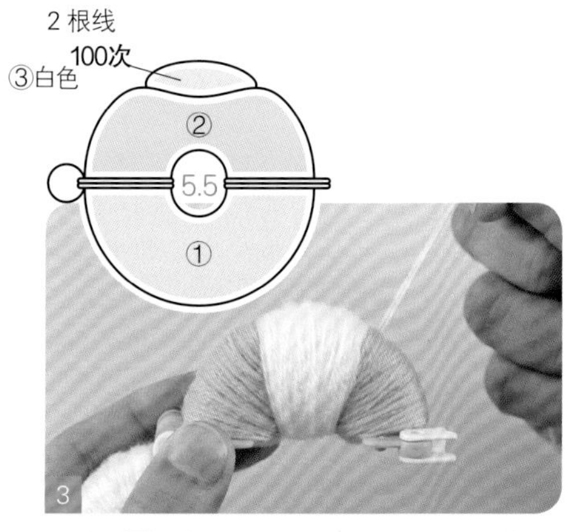

在步骤2的中心部分，用两根白色的线缠绕100次。然后把塑料板对成圆形。

如图从绒球器的中间插入剪刀，裁剪一周，然后打结，做成毛绒球的形状（毛绒球的制作方法参照第5页）。

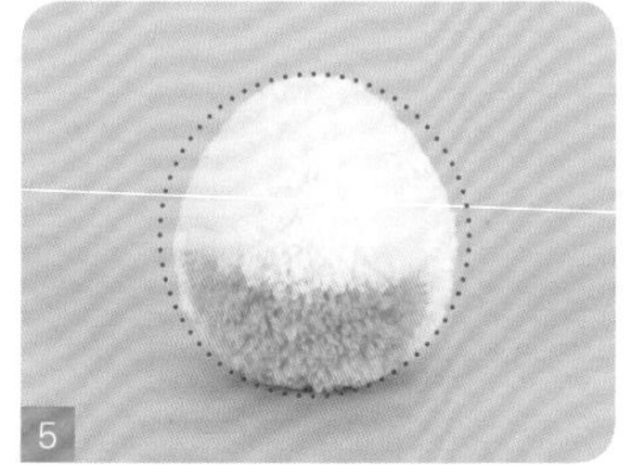

修剪成稍圆的三角形，然后整理形状。虚线所示为修剪之前的形状。

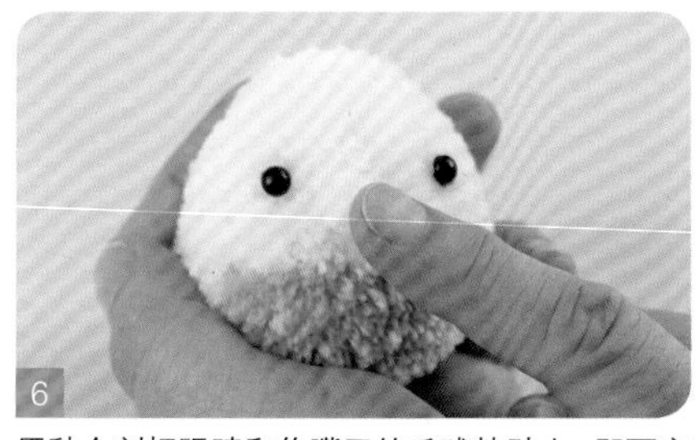

用黏合剂把眼睛和作嘴巴的毛球粘贴上，即可完工。

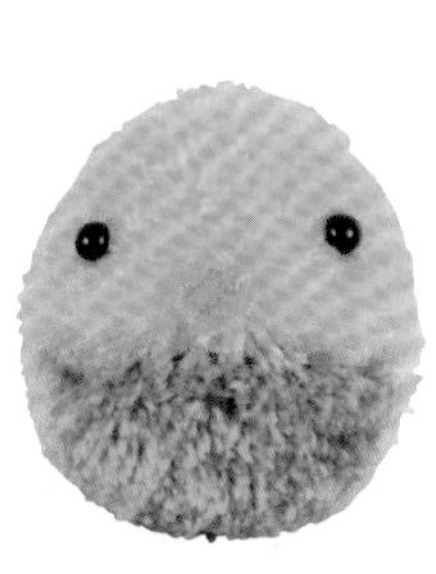

［黄色×黄绿色］
●材料
和麻纳卡Tino线
黄色（8） 8g、黄绿色（9） 4g
其他的和［白色×淡蓝色］的材料一样（毛球为橙色）

2 根线
①黄色
400次
5.5
②黄绿色 300次
③黄色100次

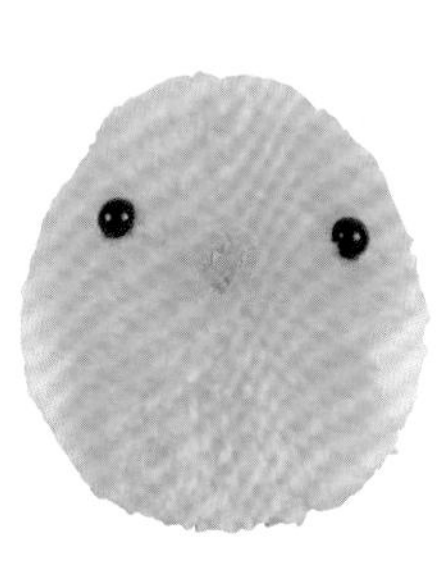

［黄色×白色］
●材料
和麻纳卡Tino线
黄色（8） 10g、白色（1） 2g
其他的和［白色×淡蓝色］的材料一样（毛球为橙色）

2 根线
①黄色
400次
5.5
②黄色 300次
③白色 100次

毛　绒　球 动 物 课 堂 ①

换种颜色试试吧

如第8页所示的鹦鹉，采用不同颜色的毛线搭配组合，可做出各种各样的花纹。看看都有什么惊喜出现吧！

※毛线均采用和麻纳卡Tino线 2根线

[2色]

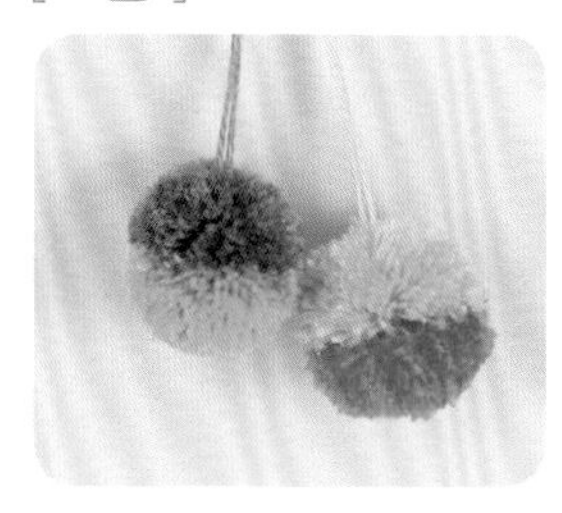

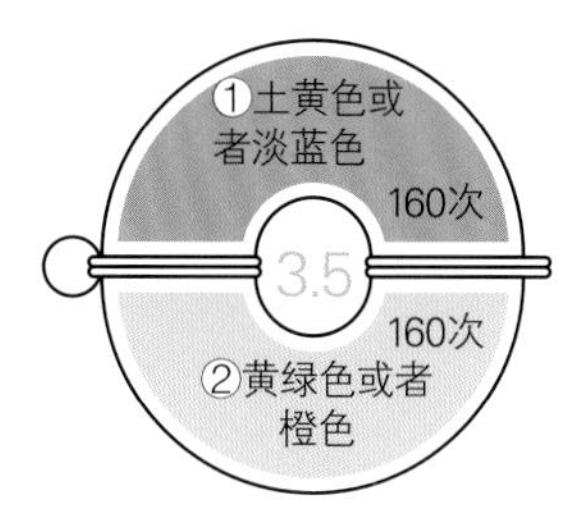

绒球器的两侧塑料板分别缠绕不同颜色的毛线，如图所示，可做成不同感觉的毛绒球。

[线条形]

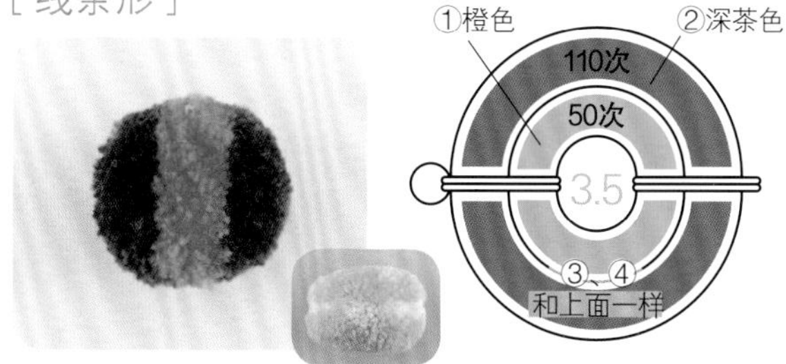

如图进行缠线，中间宛如线条穿插在里面。可换颜色，改变缠线次数，修剪平整，看起来有点像蛋白杏仁饼。

[混合]

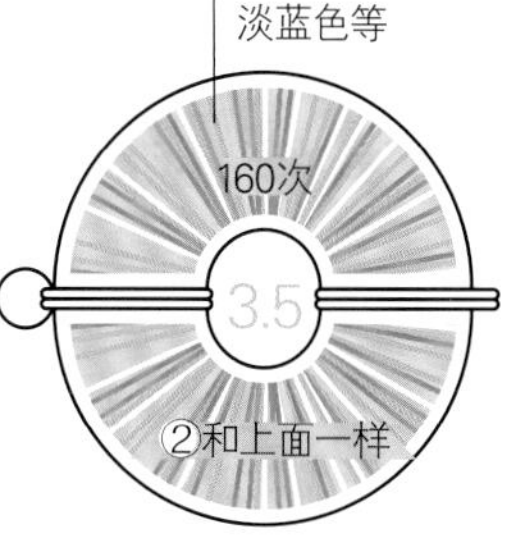

几种不同颜色的毛线一起缠绕，就做出如图中色彩混合的毛绒球。

[条纹]

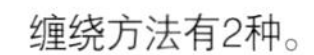

缠绕方法有2种。

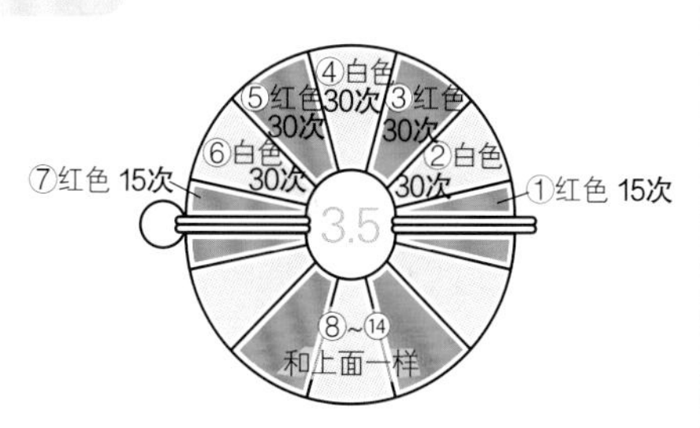

[圆球形]

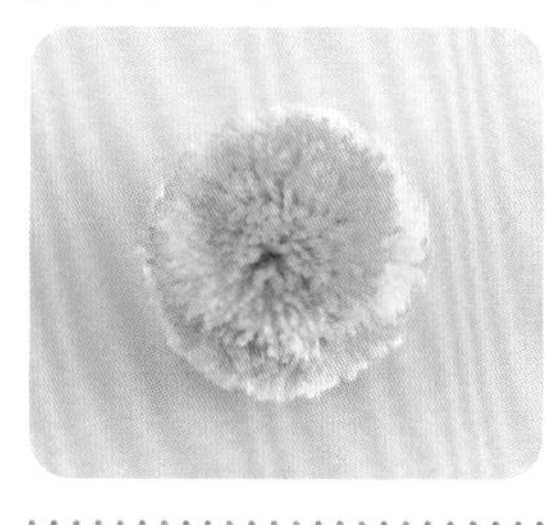

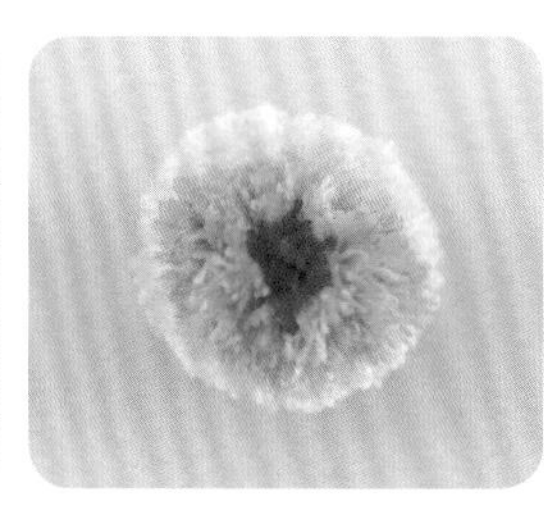

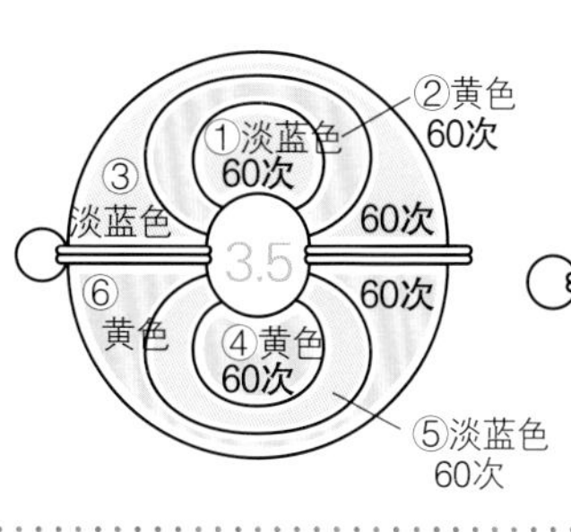

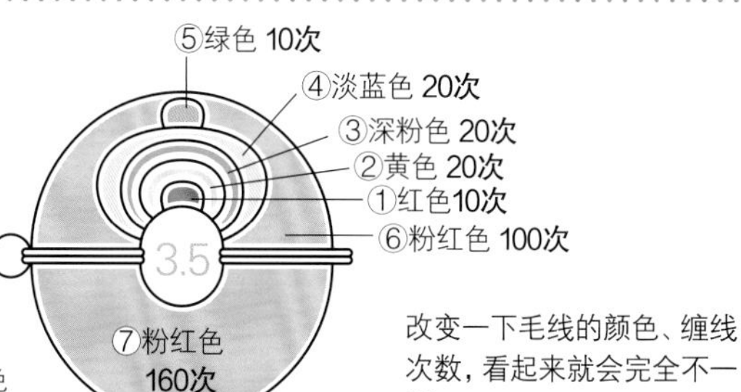

改变一下毛线的颜色、缠线次数，看起来就会完全不一样。

[水珠形]

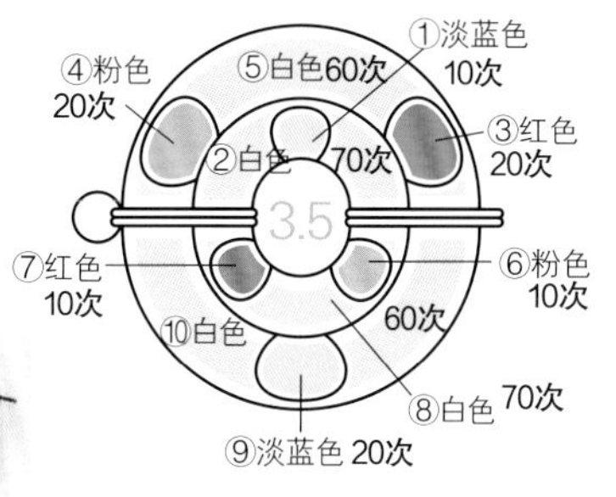

第18页的七星瓢虫就是这种花样。颜色、点数的改变可带来不一样的感觉。

问题

如下图所示的沙滩球，怎样来缠线呢？

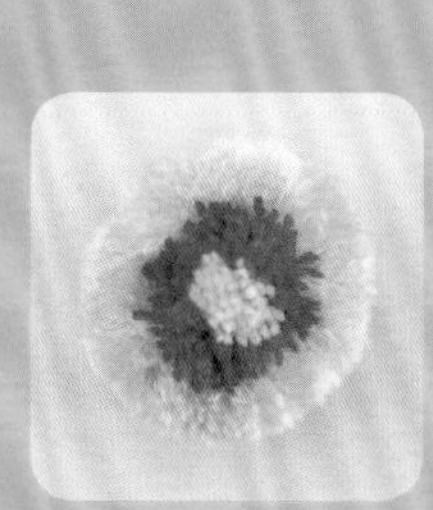

答案就在本书里。

多个毛绒球连在一起制作成的小动物

把毛绒球连在一起来制作小动物吧！
头部、身体等分别使用毛绒球来制作。
可以做出各种各样的毛绒球小动物。

使用两个毛绒球制作的小动物。使用不织布制作动物的耳朵、嘴巴等。根据自己的爱好，可在动物的脖子处进行装饰。

迷你老鼠　迷你猫头鹰　迷你松鼠　迷你小熊　迷你企鹅

 设计、制作●齐藤郁子　制作方法●见第15～17页

迷你小鸡

使用两个毛绒球制作的小鸡。与第2页介绍的小鸡的制作方法有所不同，所以一定要尝试制作一下。其中小鸡的脖子装饰上丝带，更增添了其可爱性。

设计、制作●齐藤郁子 制作方法●见第17页

迷你兔

迷你兔真的很迷你，正好可以放在手里的尺寸。如图穿上链子可以装饰到包包上，或者其他地方。当然也可大胆尝试，使用长链子，作为项链佩戴，可爱至极。

12 设计、制作●齐藤郁子　制作方法●见第13~14页

迷你兔的制作方法

完成尺寸

高6.5cm，宽4.3cm，厚4.5cm

●材料

和麻纳卡Tino线　粉红色（4）　9g
眼睛（黑色）　直径6mm　2个
毛球（粉红色）　直径8mm　1个
不织布（粉红色）　6cm×5cm、（深粉色）1cm×1cm
刺绣线（白色）　60cm、（浅粉色）30cm
（以下可根据自己喜好进行选择……）
圆环（黄金色）　直径6mm　1个
圆珠链（黄金色）　1个

●工具

3.5cm的绒球器、毛线缝针

头部、身体
2根线、2个

①粉红色
185次

3.5

②粉红色
185次

1. 制作主体

1 把2根线分别缠到绒球器的两侧上，各缠185次，制作毛绒球。头部和身体分开制作（毛绒球的制作方法参照第5页）。

2 打结用的线暂时不剪断。用镊子如图把里面的线头拉出，多余的稍长的线头剪掉，整体大致呈现圆形。

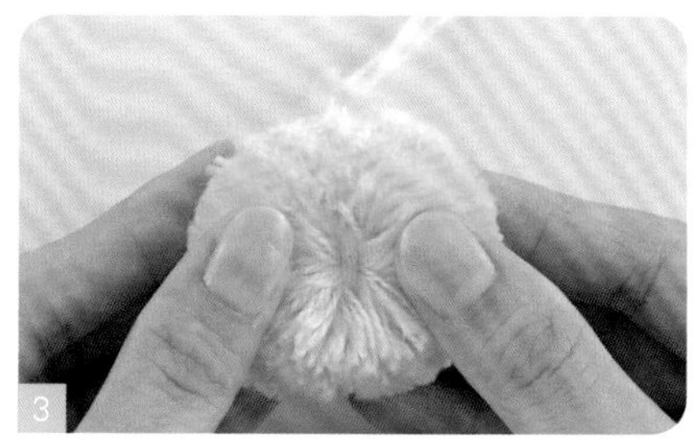

3 检查一下毛绒球打结线的走向。

4 使毛绒球的打结线竖着，重叠两个毛绒球（如右图）。用毛线缝针穿上60cm的2根线，接缝毛绒球。

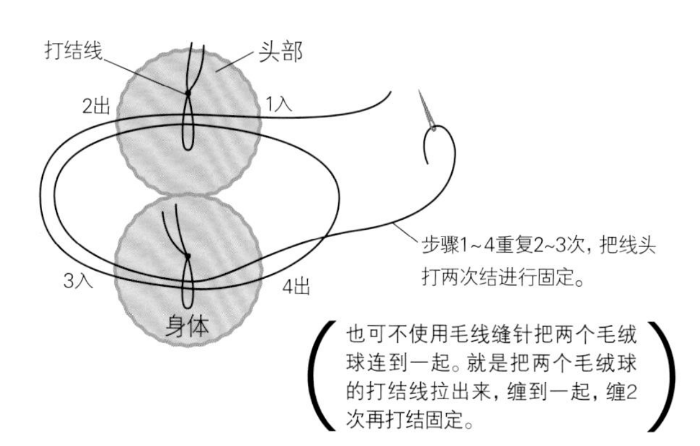

（也可不使用毛线缝针把两个毛绒球连到一起。就是把两个毛绒球的打结线拉出来，缠到一起，缠2次再打结固定。）

5 两个毛绒球连接到一起，主体部分制作完成。

2. 修剪主体

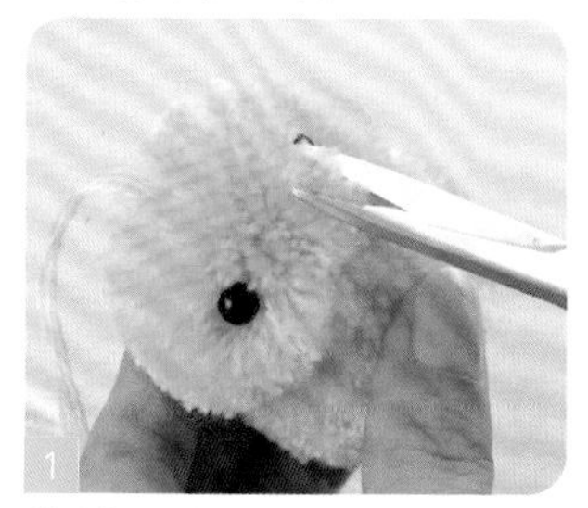

1 首先把眼睛部分插进去（暂时不使用黏合剂）。从双眼之间的区域开始修剪，眼睛四周稍微剪短些。

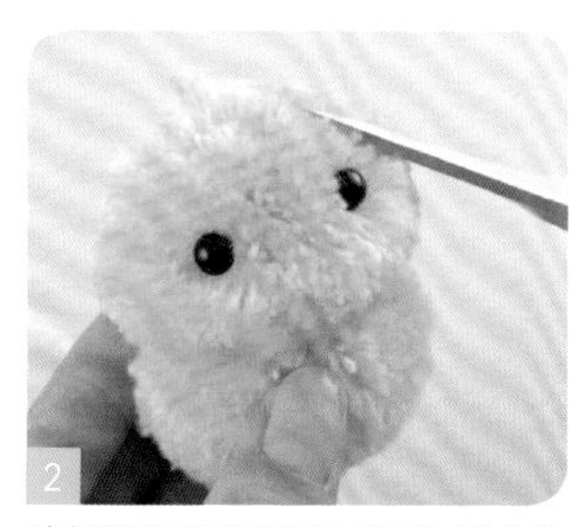

2 脸部的轮廓稍微呈三角形，额头的两边需要斜着修剪。

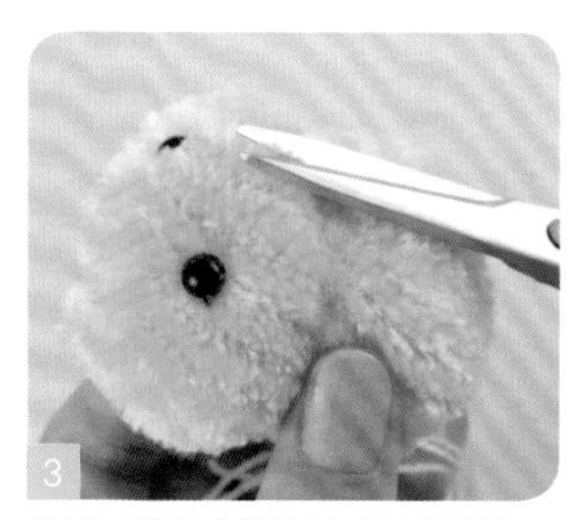

3 最后下颚部分需要修剪得明显些。

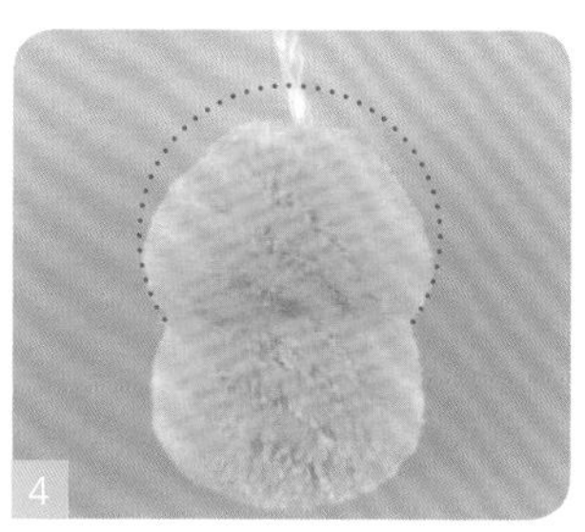

4 主体修剪完成。虚线处为修剪之前的形状。

3. 制作鼻子和耳朵

实物大小纸样

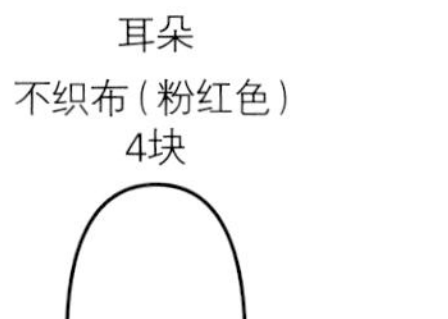

耳朵
不织布（粉红色）
4块

鼻子
不织布
（深粉色）
1块

插入头部的部分

插入头部的部分

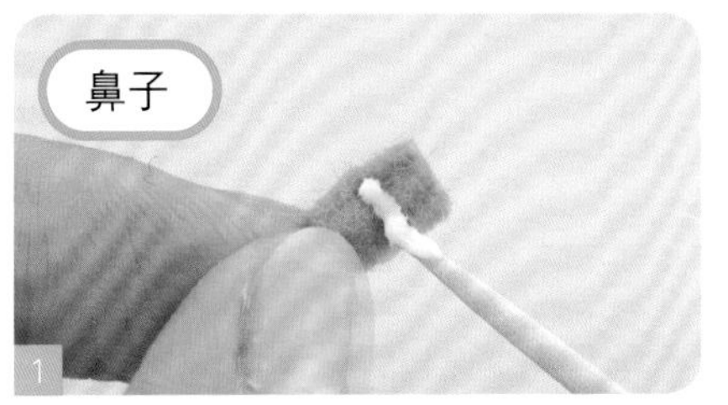

在制作鼻子的不织布中心处，涂上少量黏合剂。

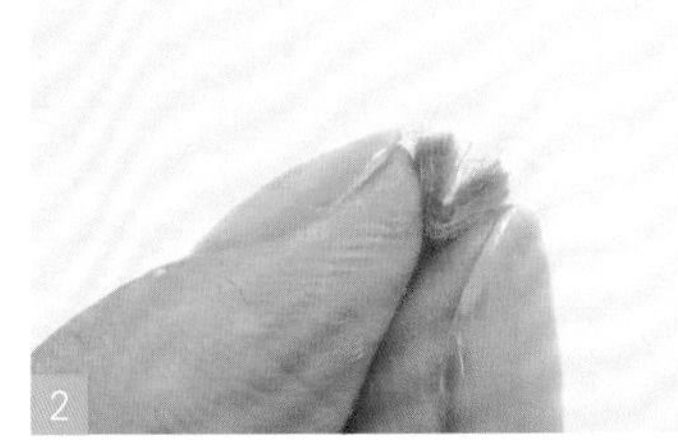

如图对折，用手指捏一会儿，使其成形。放置待黏合剂晾干。

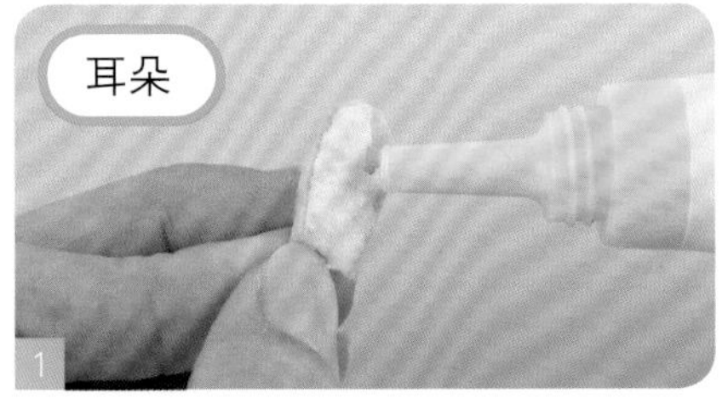

制作一只耳朵时，把2块不织布粘贴在一起。需要在其中一块不织布上涂抹黏合剂。

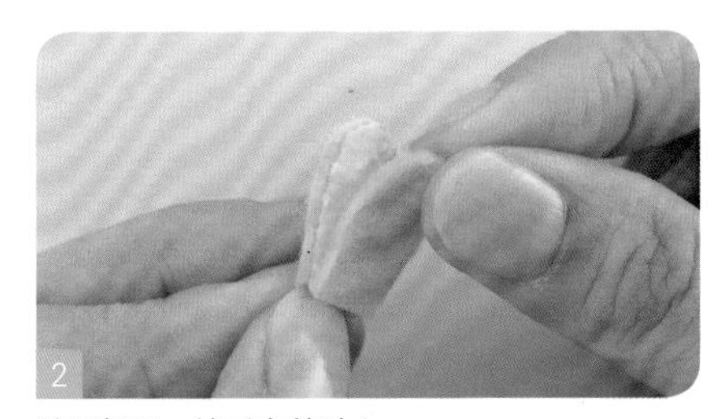

然后把另一块对齐粘贴上。

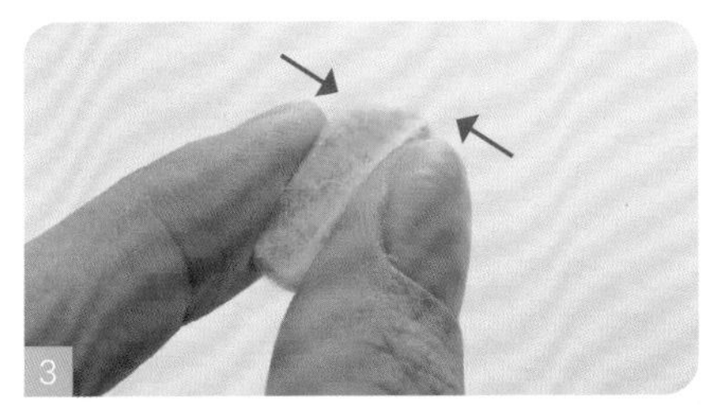

黏合剂晾干之前，用手指捏住，稍微做出如图的弯曲状。

4. 粘贴组合，完工

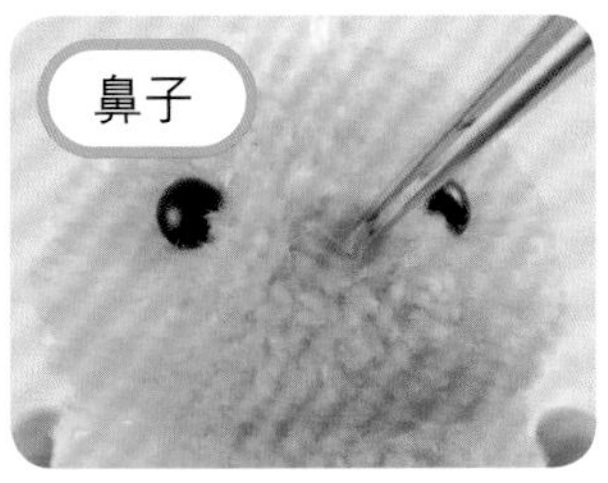

鼻子涂上黏合剂，如图鼻子呈V形插进毛绒球里。

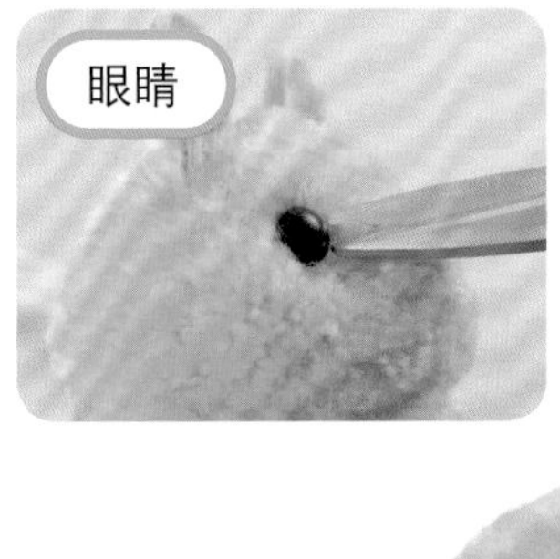

眼睛通过黏合剂粘贴固定，其中眼睛四周的毛线需要剪短些。

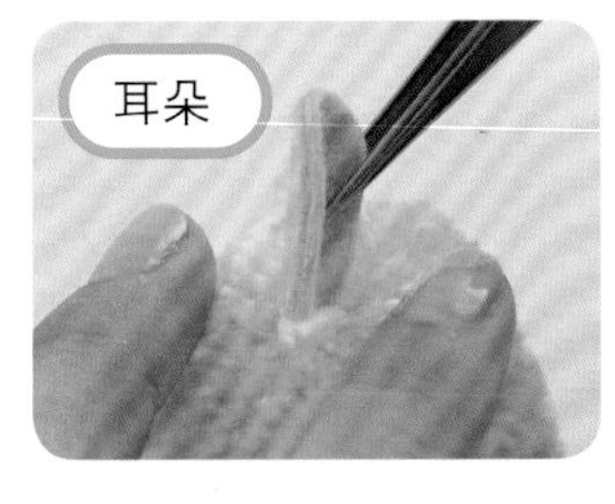

先把粘贴耳朵处的毛线拨开，然后在耳朵不织布的底部涂上黏合剂，进行固定。

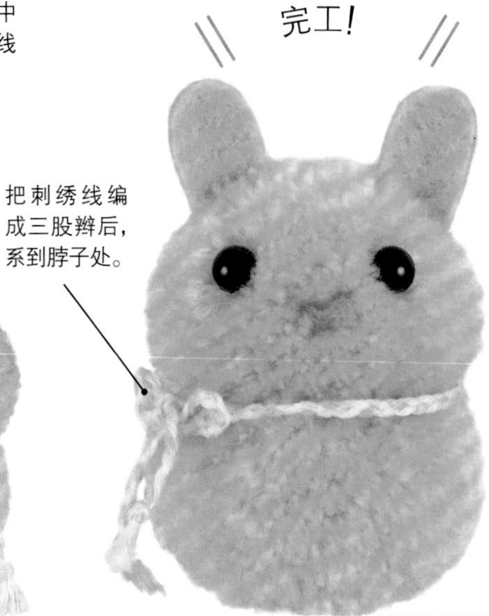

实物大小

安装链子……

首先，安上圆环。把剩余的打结线穿过圆环，打2次结。

在打结处涂上黏合剂进行固定。黏合剂晾干之后，在接近打结处剪断打结线。

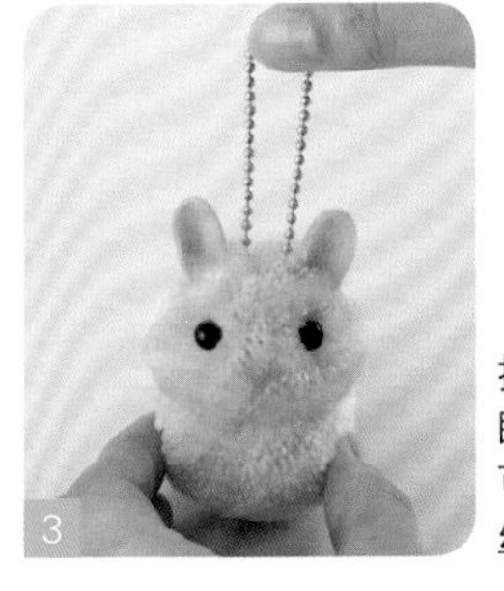

把圆珠链穿过圆环即可。除此之外，还可安装手机链、细丝带等装饰品。

迷你小动物的制作方法

迷你小动物的制作方法与第13、14页迷你兔的制作方法大致相同，可以参考迷你兔的制作方法。

设计、制作 齐藤郁子

迷你老鼠

实物大小

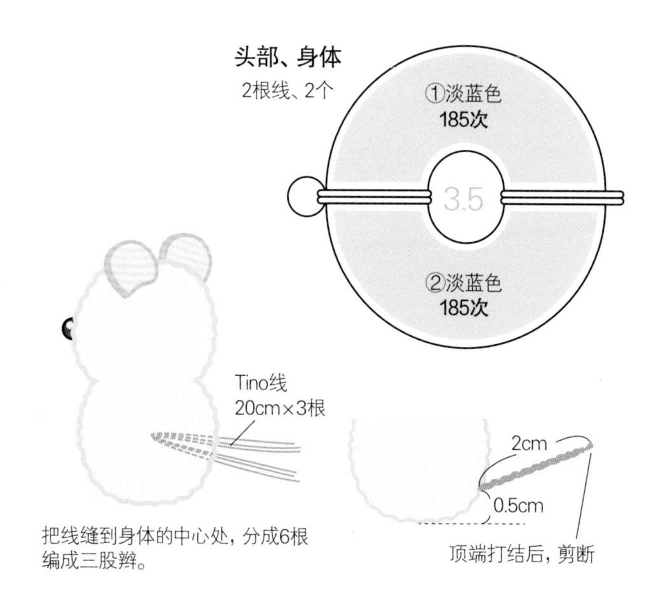

实物大小纸样

耳朵
不织布（淡蓝色）
4块

插入头部的部分

完成尺寸
高6cm，宽4.3cm，厚4.3cm

●材料
和麻纳卡Tino线 淡蓝色（11） 9g
眼睛（黑色） 直径6mm 3个
不织布（淡蓝色） 6cm×5cm
刺绣线（白色） 60cm、（浅蓝色） 30cm

●工具
直径3.5cm的绒球器、毛线缝针

［制作方法］
1. 毛线缠绕指定的次数，制作2个毛绒球。
2. 把头部和身体连接，修剪整理形状（参照第13页）。
3. 制作耳朵（参照第14页）。
4. 粘贴眼睛、鼻子、耳朵、尾巴。
5. 把刺绣线编成三股辫后，系到脖子处。

迷你企鹅

实物大小

实物大小纸样

嘴巴
不织布（金黄色）
2块

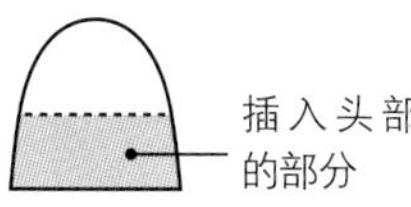

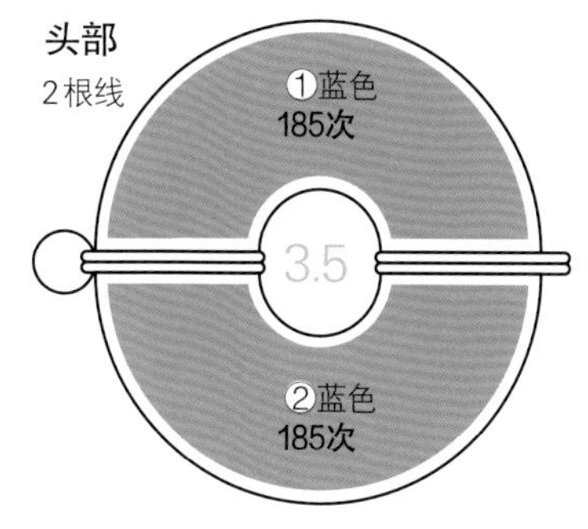

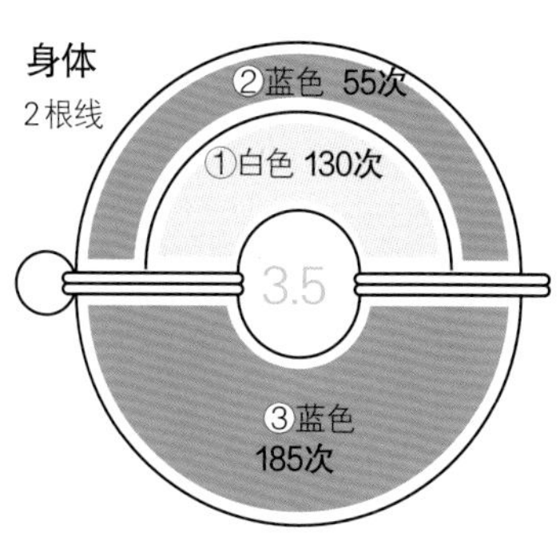

完成尺寸
高5.5cm，宽4.5cm，厚4cm

●材料
和麻纳卡Tino线 蓝色（17）7g、白色（1）2g
眼睛（黑色） 直径6mm 2个
不织布（金黄色） 2cm×4cm

●工具
直径3.5cm的绒球器、毛线缝针

［制作方法］
1. 毛线缠绕指定的次数，制作头部、身体部分的毛绒球。
2. 把头部和身体连接（参照第13页）。
3. 修剪头部和身体，整理成圆形。
4. 制作嘴巴（参照第14页耳朵的制作方法）。
5. 把眼睛和嘴巴用黏合剂粘贴组合。

迷你小熊

完成尺寸 实物大小

高5.5cm，宽4cm，厚4cm

●材料

和麻纳卡Tino线

土黄色（13） 9g、

原白色（2） 少许

眼睛（黑色） 直径6mm 3个

不织布（土黄色） 4cm×4cm

刺绣线（红茶色、茶色、奶油色）

各30cm

●工具

直径3.5cm的绒球器、毛线缝针

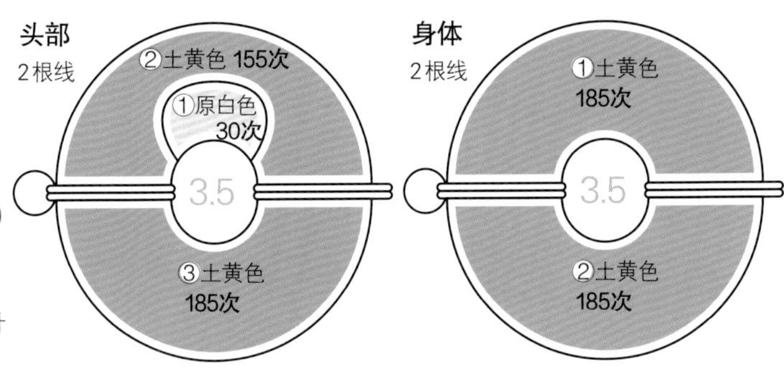

［制作方法］

1. 毛线缠绕指定的次数，制作头部和身体部分的毛绒球。
2. 把头部和身体连接到一起（参照第13页）。
3. 修剪头部和身体，整理成圆形。
4. 制作耳朵（参照第14页）。
5. 把眼睛、鼻子、耳朵用黏合剂粘贴组合。
6. 把刺绣线编成三股辫后，系到脖子处。

实物大小纸样

耳朵

不织布（土黄色）

4块

插入头部的部分

迷你松鼠

实物大小

完成尺寸

高6cm，宽4.3cm，厚6.5cm

●材料

和麻纳卡Tino线 土黄色（13） 7g、

原白色（2） 2g、深茶色（14） 3g

眼睛（黑色） 直径6mm 2个

不织布（土黄色） 4cm×4cm、

（黑色） 1cm×1cm

手缝线（土黄色）适量

●工具

直径3.5cm的绒球器、细长毛绒球

厚纸板 宽2cm、毛线缝针

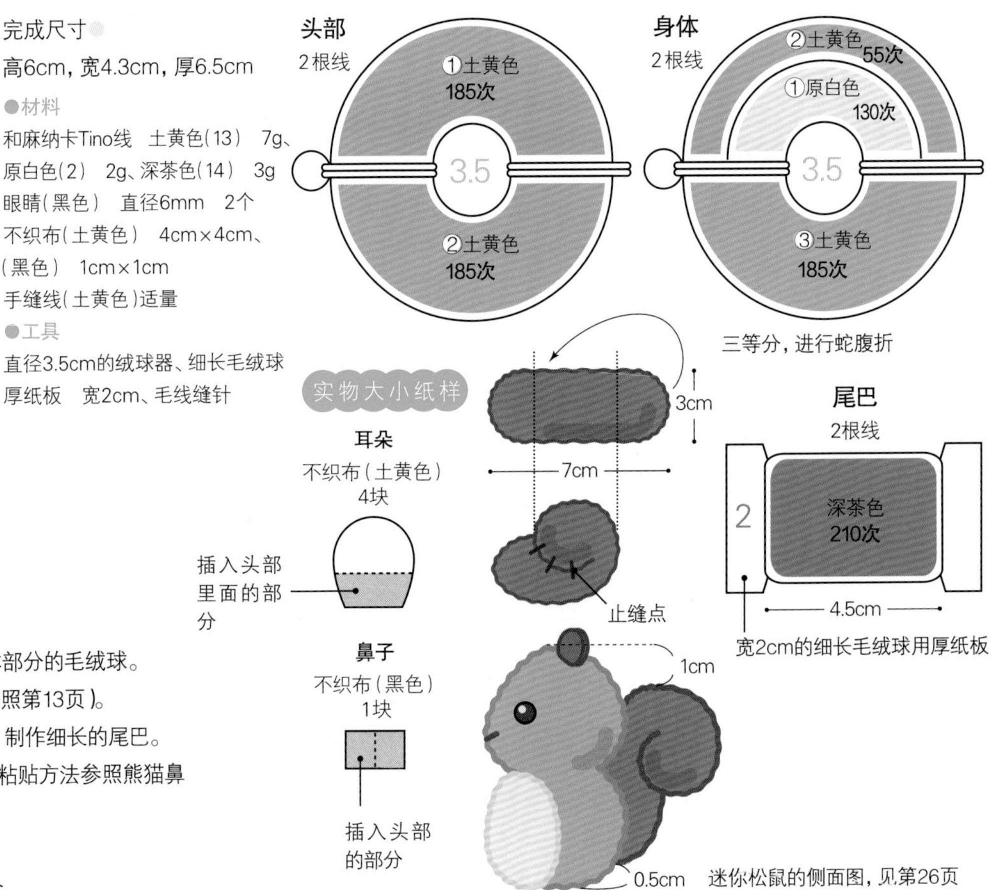

［制作方法］

1. 毛线缠绕指定的次数，制作头部、身体部分的毛绒球。
2. 把头部和身体连接，修剪整理形状（参照第13页）。
3. 参照第31页熊猫前、后腿的制作方法，制作细长的尾巴。其中顶端稍圆些，粘贴组合到身体上（粘贴方法参照熊猫鼻子的粘贴组合方法）。
4. 制作鼻子和耳朵（参照第14页）。
5. 把眼睛、鼻子、耳朵用黏合剂粘贴组合。

迷你猫头鹰

实物大小

完成尺寸
高5.5cm，宽4.8cm，厚4cm

●材料
和麻纳卡Tino线
土黄色（13） 4g、深茶色（14） 3g、浅茶色（3） 2g
玻璃眼睛（黄金色） 直径7.5mm 1对
不织布（金黄色）1.5cm×1.5cm
●工具
直径3.5cm的绒球器、毛线缝针

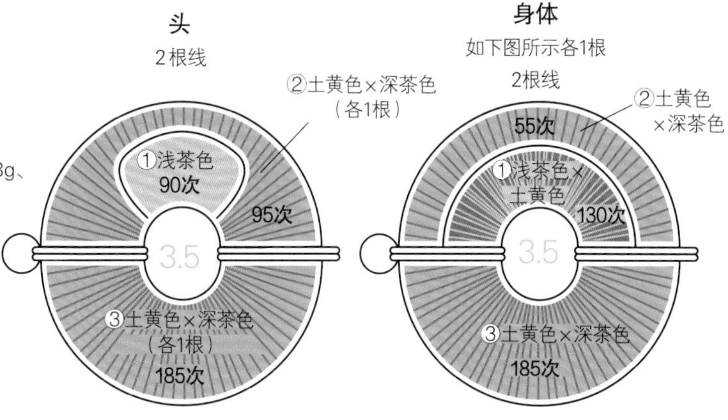

实物大小纸样

嘴巴
不织布（金黄色）
1块

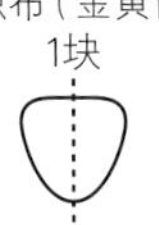

［额头的发际］

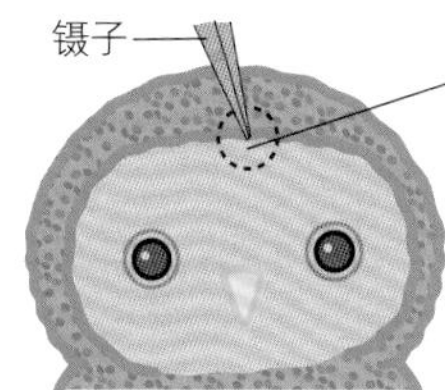

［嘴巴的粘贴方法］

竖着弄出弯曲状，粘贴到脸上

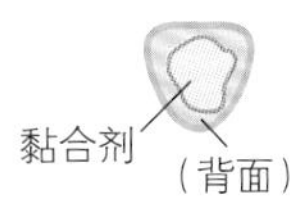

背面涂上黏合剂

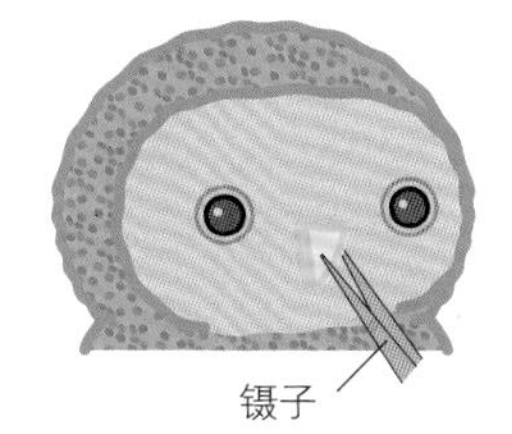

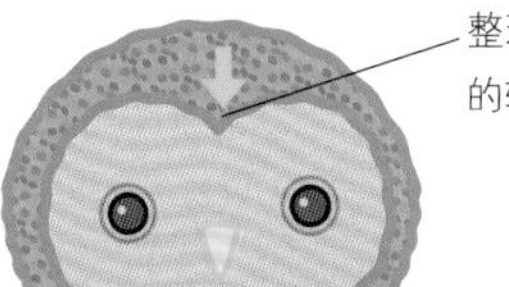

［制作方法］

1. 毛线缠绕指定的次数，制作头部和身体部分的毛绒球。
2. 把头部和身体连接到一起（参照第13页）。
3. 修剪头部和身体，整理成圆形。
4. 把眼睛用黏合剂粘贴组合。
5. 嘴巴如图用黏合剂粘贴组合。
6. 把额头的发际如图修剪整理。

迷你小鸡

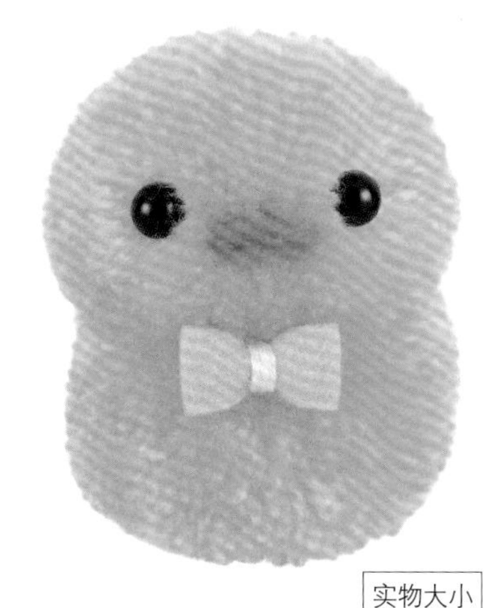

实物大小

完成尺寸
高5.5cm，宽4.5cm，厚4cm

●材料
和麻纳卡Tino线 黄色（8） 9g
眼睛（黑色） 直径6mm 2个
不织布（橙色） 2cm×4cm、（粉红色、淡蓝色、绿色等） 1cm×2cm
刺绣线（白） 10cm
●工具
直径3.5cm的绒球器、毛线缝针、手工缝针

❶把手工缝针从背面插入不织布领结的中心。

❷如图把刺绣线缠3次，在背面打圆结。

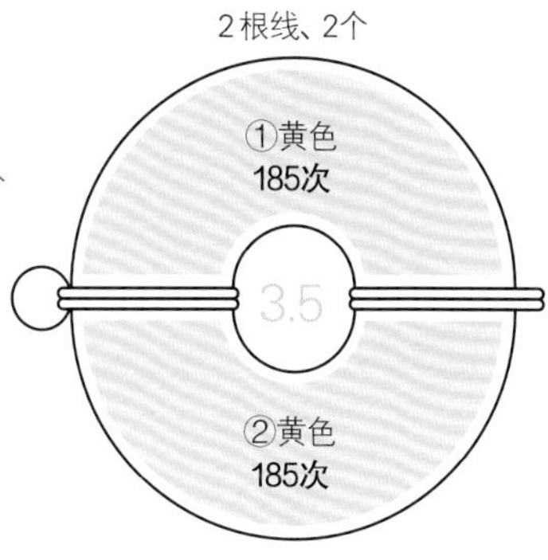

［制作方法］

1. 毛线缠绕指定的次数，制作2个毛绒球。
2. 把头部和身体连接（参照第13页）。
3. 修剪头部和身体，整理成圆形。
4. 制作嘴巴（参照第14页耳朵的制作方法）。
5. 把眼睛和嘴巴用黏合剂粘贴组合。
6. 把领结如图折叠制作，用黏合剂粘贴组合。

实物大小纸样

领结
不织布
1块

嘴巴
不织布（橙色）
2块

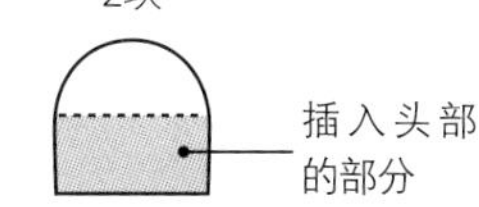

谁说七星瓢虫只能是红色的呢？如果用毛绒球制作，也会有绿色的七星瓢虫出现哦！将毛线缠绕好，做出水珠般的花纹，就能做出各种颜色的七星瓢虫了。

七星瓢虫

 设计、制作●须佐沙知子　制作方法●见第19页

七星瓢虫的制作方法

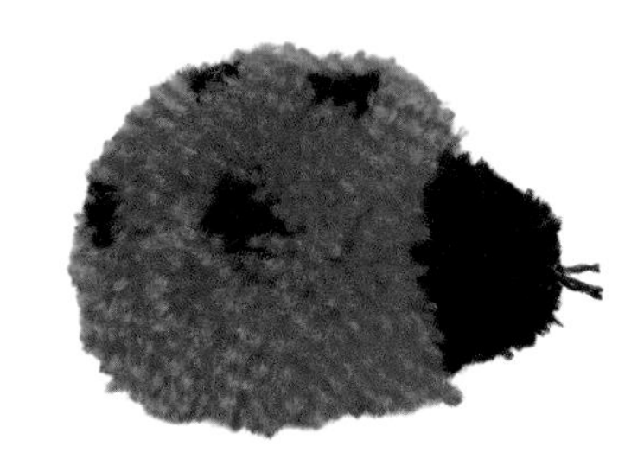

完成尺寸

高3.5cm，宽4cm，厚5.5cm

●材料

和麻纳卡Tino线

红色(6)、橙色(7)、黄绿色(9)等　各4g、

黑色(15)　2g

●工具

直径3.5cm的绒球器、厚纸板

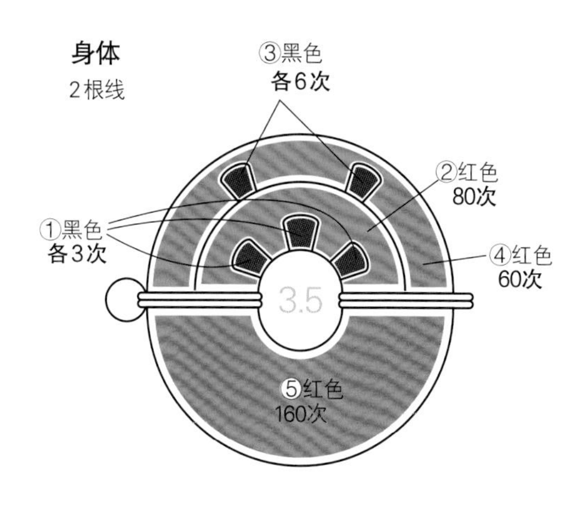

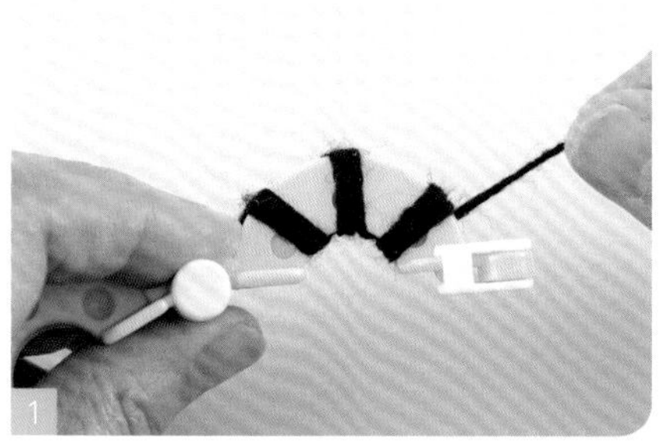

把2根黑色的毛线如图在三个不同的地方各缠绕3次。(所有毛线均是2根。)

红色的毛线缠绕80次。缠线时，首先在黑色毛线之间进行缠绕，然后均匀地缠绕。

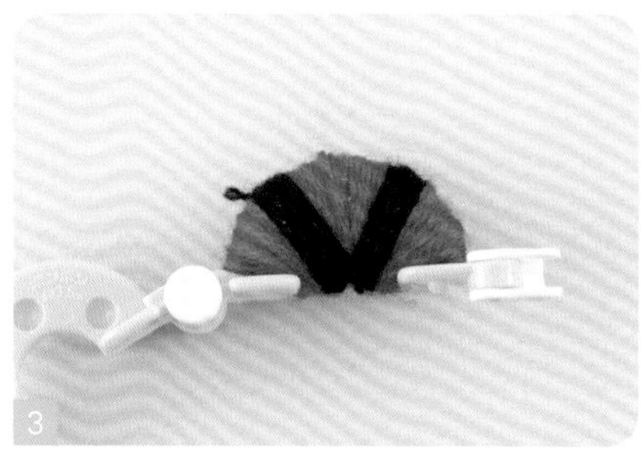

在步骤2的基础上，如图把黑色的毛线在2处各缠绕6次。

在步骤3的基础上，如图用红色的毛线再缠绕60次。另一侧缠绕红色的毛线160次。

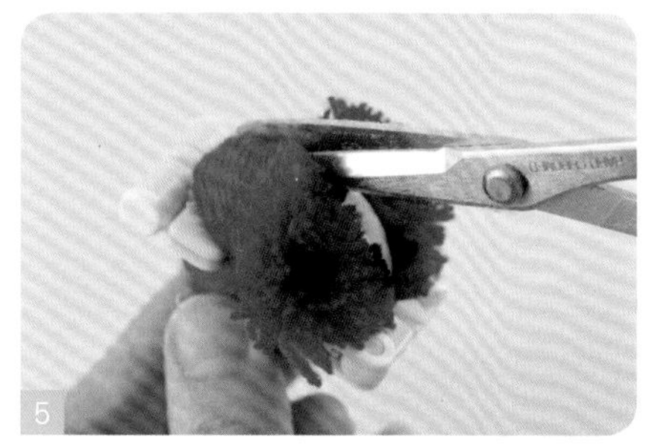

缠线结束后，把剪刀插入绒球器中间，剪一圈。把打结线缠到绒球器中间，缠两圈，拉紧，打结。

取掉绒球器，整理整体形状。用牙签或者镊子等整理呈现水珠花纹的毛绒球部分。

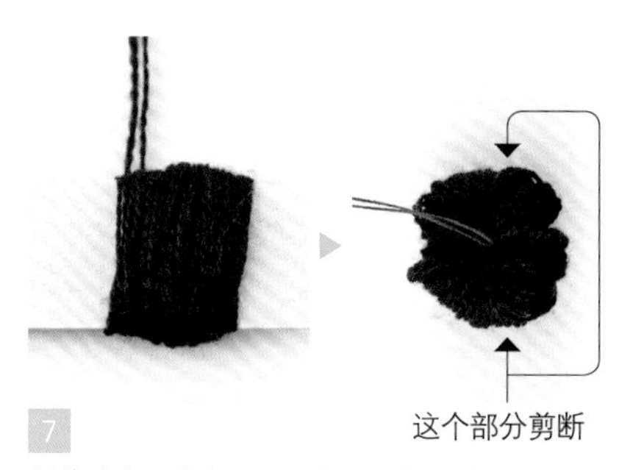

制作头部。在宽2.5cm的厚纸板上缠绕黑色毛线55次。然后轻轻地把纸板抽掉，中间系上线打结。线环部分剪断，修剪整理成圆形。

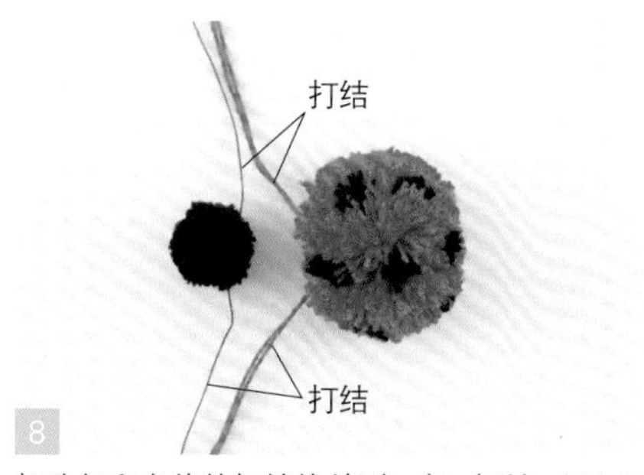

把头部和身体的打结线并到一起，打结。如上图所示，左右分开打结会更牢固。打2次结有点拉伸的感觉，但是会更坚固。

整体组合方法

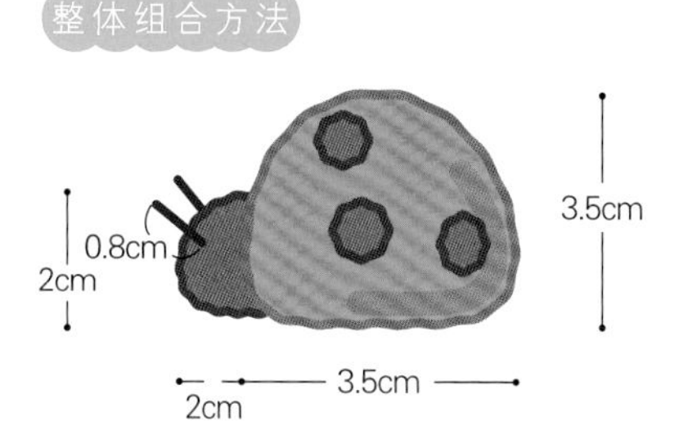

如图将下半部分修剪平整，整理尺寸、形状。作为触角的线用黏合剂固定。

仓鼠

看起来宛如真的仓鼠。圆滚滚的身体非常适合毛绒球来呈现。换个颜色，换个姿势，可制作出一大群仓鼠，热闹极了。

 设计、制作 须佐沙知子 制作方法 见第22~23页

20页 仓鼠的制作方法

设计、制作●须佐沙知子
完成尺寸●**坐着的仓鼠** 高4.5cm，宽5cm，厚8cm
站着的仓鼠 高7.5cm，宽5.5cm，厚4.5cm

●材料（1只仓鼠的用量）

[土黄色的仓鼠]
和麻纳卡Tino线
土黄色（13） 5g、原白色（2） 14g、黑色（15） 少许
不织布（土黄色） 3cm×5cm、（白色） 3cm×4cm （站着的仓鼠6cm×4cm） 眼睛（黑色） 直径6mm 2个

[浅茶色的仓鼠]
和麻纳卡Tino线
浅茶色（3） 5g、白色（1） 14g、黑色（15） 少许
不织布（浅茶色） 3cm×5cm、（白色） 3cm×4cm
眼睛（黑色） 直径6mm 2个

●工具
直径3.5cm、5.5cm的绒球器、长一点的缝针、手缝线

头部
2根线
①土黄色或者浅茶色 160次
3.5
②原白色或者白色 160次
坐着的仓鼠在此处打结
站着的仓鼠在此处打结

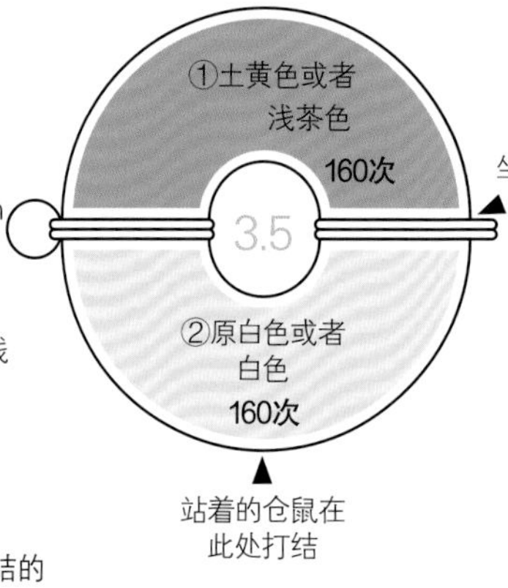

身体
2根线
①土黄色或者浅茶色 130次
②原白色或者白色 270次
5.5
③原白色或者白色 400次
所有姿势的仓鼠都在此处打结

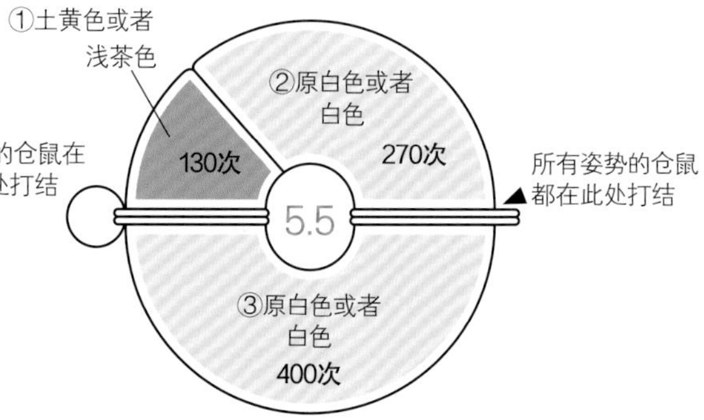

1. 制作头部和身体的毛绒球

毛绒球的制作方法参照第5页。注意打结线放到打结的位置，暂时不剪断。

2. 修剪整理形状

参照彩图或者图片，修剪、整理毛绒球的形状。

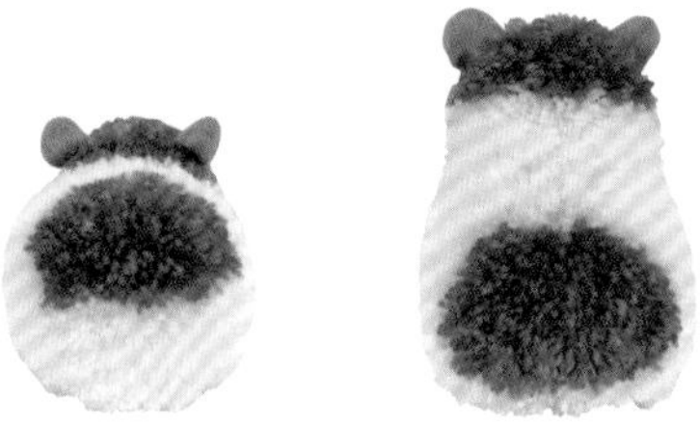

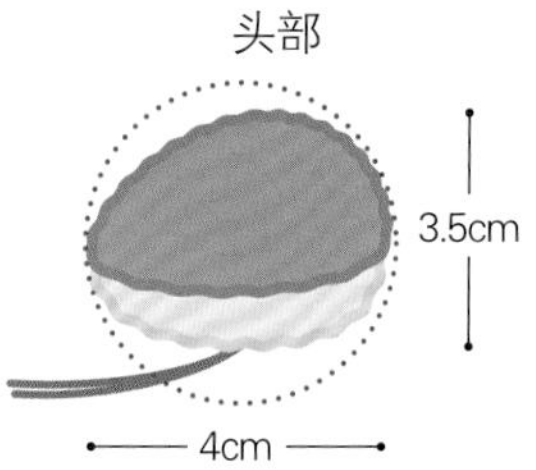

坐着的仓鼠

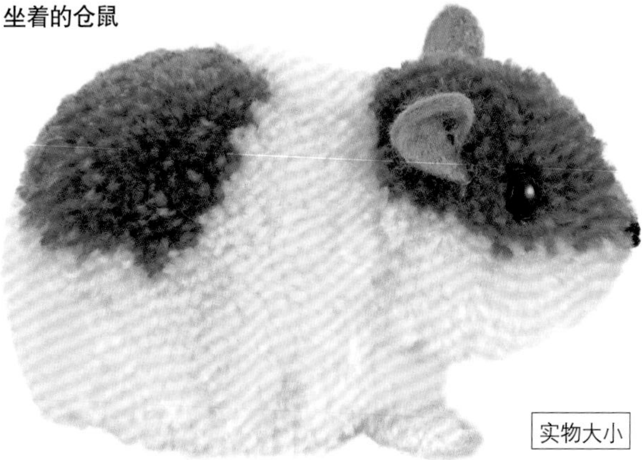

实物大小

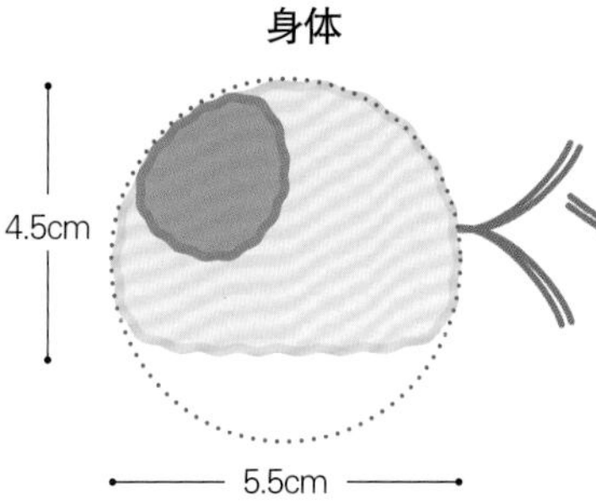

身体
4.5cm
5.5cm

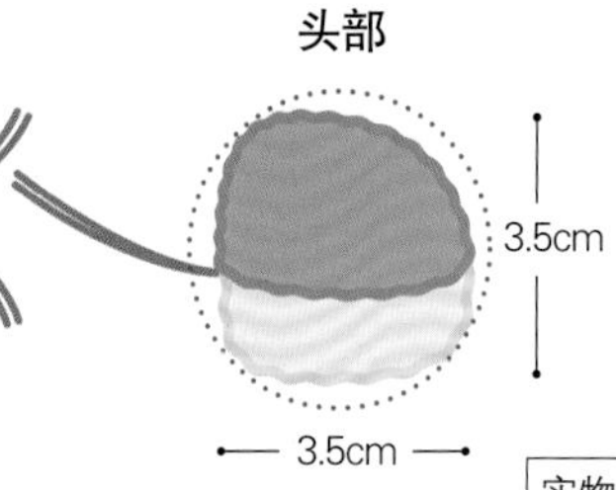

头部
3.5cm
3.5cm

站着的仓鼠

实物大小

头部
3.5cm
4cm

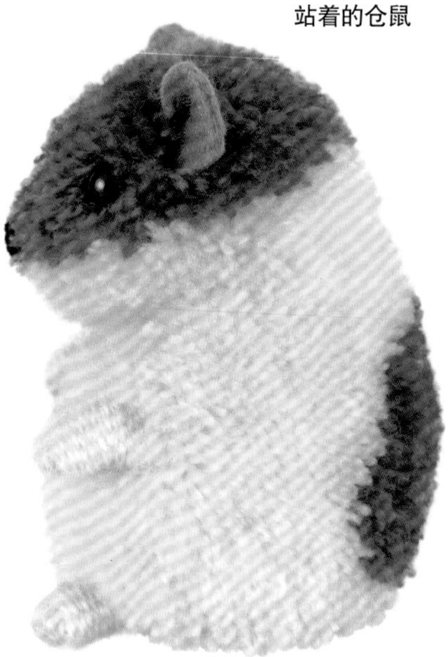

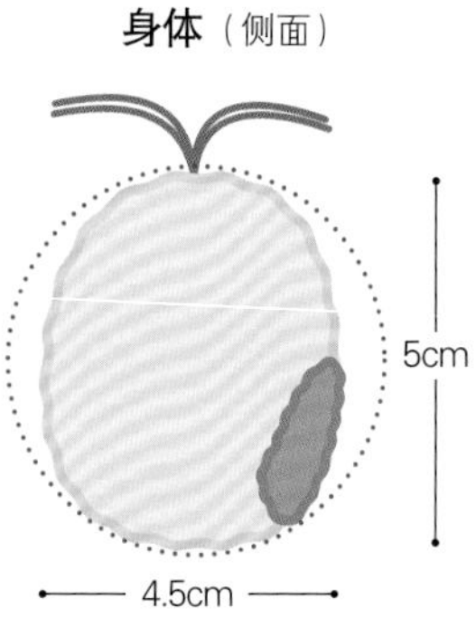

身体（侧面）
5cm
4.5cm

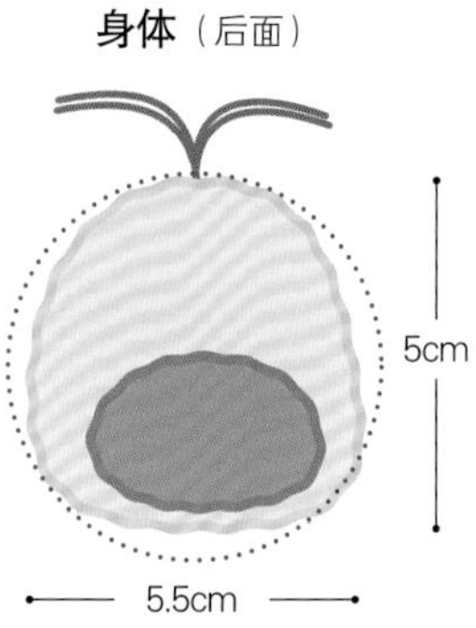

身体（后面）
5cm
5.5cm

3. 把头部和身体连接起来

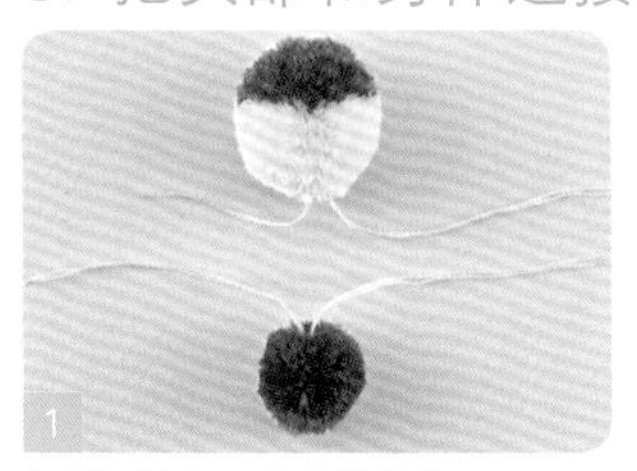
打结用线如图左右提前分开。

如图所示左右各打2次结，这样一来头部和身体就结实地连接在一起了。

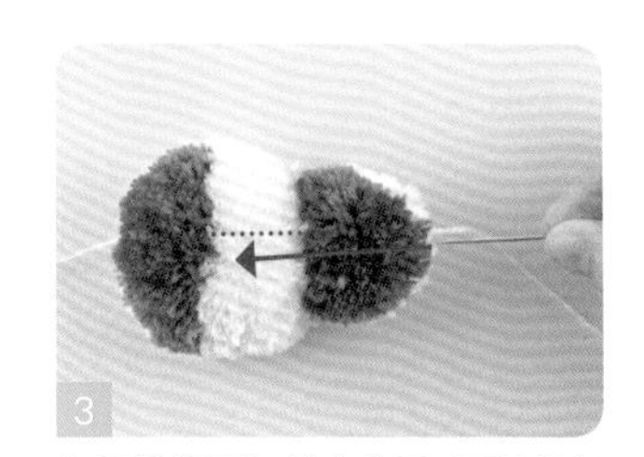
如果希望更加结实牢固，可从尾部到鼻尖手缝一圈。

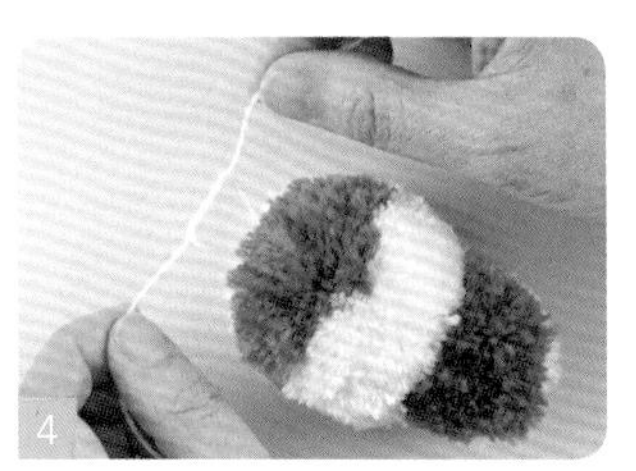
缝针缝完一圈之后，又回到了开始接缝的地方，需要把手缝线在毛绒球的毛线中打2次结。

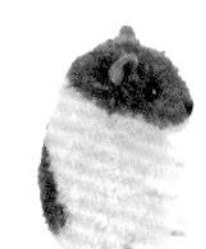
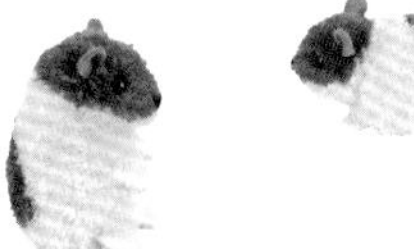

4. 制作脚

实物大小纸样

脚
不织布
（白色）
2块
（站着的仓鼠需要4块）

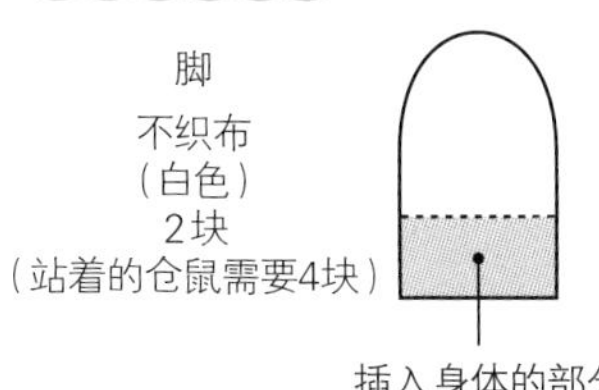

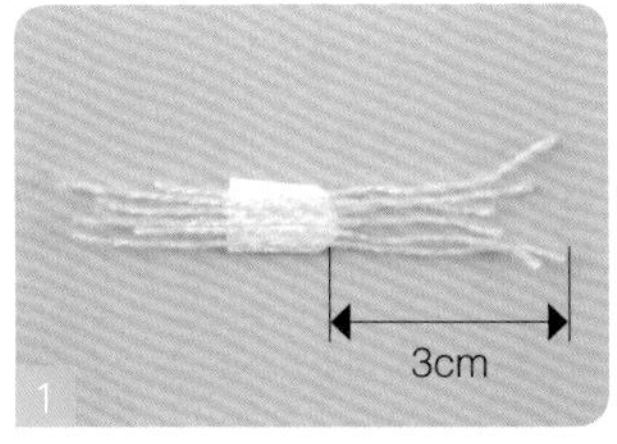

裁剪不织布，把7～8根6cm的毛线如图排列，用黏合剂固定。

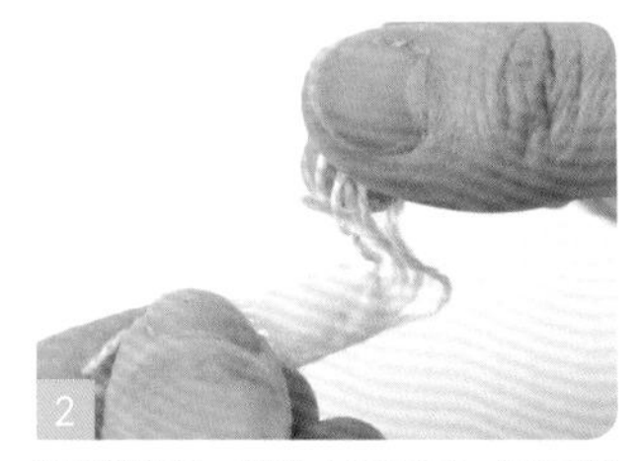
翻到背面，用黏合剂固定，把毛线如图折上去。

把折过的毛线粘贴上。

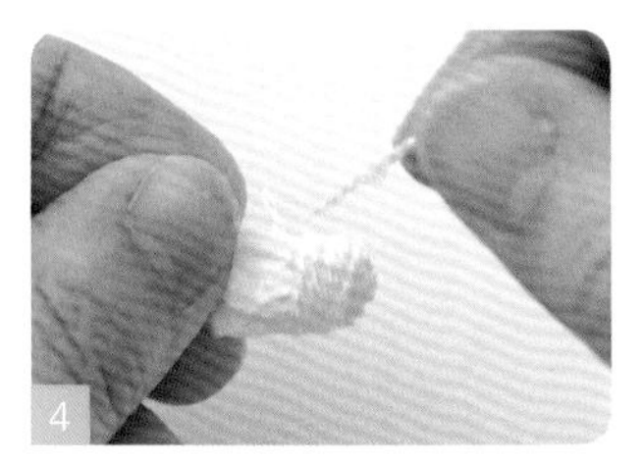
黏合剂晾干之后，在步骤3的两面再次涂抹黏合剂，然后缠上毛线。

从脚尖缠到脚跟，裁掉多余的毛线。

5. 粘贴组合，即可完工

实物大小纸样

耳朵
不织布
（土黄色或者浅茶色）
2块

耳朵

在耳根处涂上黏合剂，如下图左右两边朝中心处对折。然后再次在耳根的两面涂上黏合剂，插入固定耳朵的地方，粘贴组合。

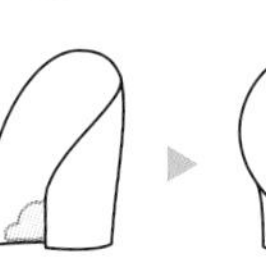
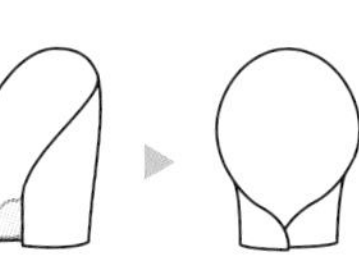

鼻子

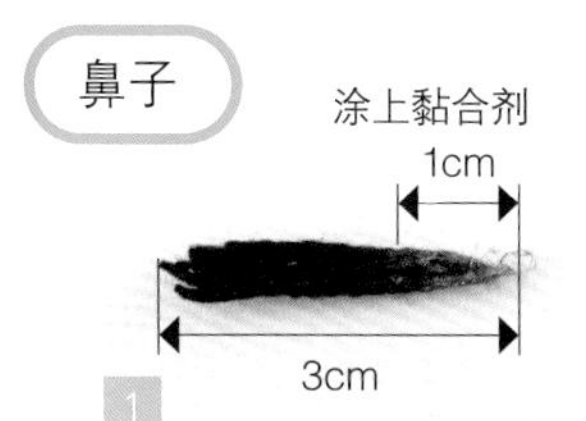

剪12根3cm的毛线，扎成一束。在一端涂上黏合剂，固定。

固定之后，剪掉0.5cm，再次涂上黏合剂，插入固定鼻子的地方，粘贴组合。

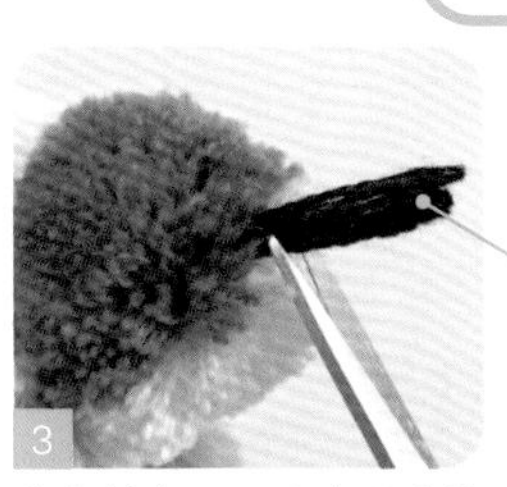
黏合剂晾干之后，把凸出的毛线剪掉。

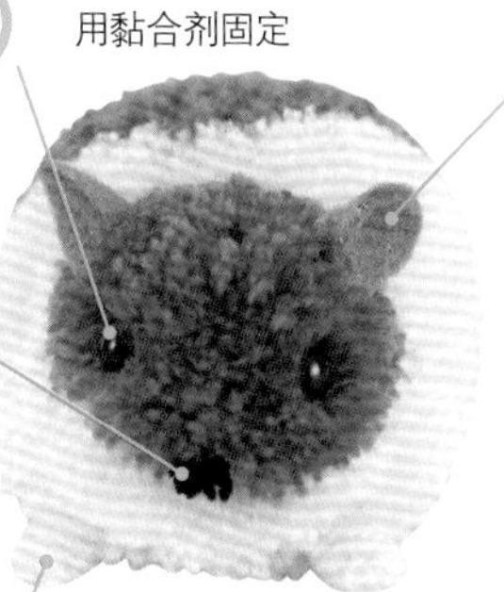

坐着的仓鼠的腹部

亲子
帝企鹅

亲子帝企鹅圆滚滚的体形可爱的不得了。可使用两个稍大毛绒球进行制作。可尝试制作下图的两个关系亲密的企鹅。

24 设计、制作●齐藤郁子　制作方法●见第44~45页

我好喜欢你哟!

哎呀!
好滑哦!

那个呀……

松鼠

制作一对勤勤恳恳搬运橡子的松鼠母子吧!圆圆的向下卷的尾巴甚是可爱。松鼠的两条前腿可使用细长的毛绒球来制作。

 设计·制作●齐藤郁子 制作方法●松鼠见第46页，迷你松鼠见第16页犹如雪人的白色小兔子，圆溜溜的眼睛可爱极了。眼睛可使用玩偶用眼睛，直接插入脸部即可。

兔子

设计、制作 齐藤郁子 制作方法 见第47页

猫头鹰

猫头鹰经常这样自言自语:我额头的发际尖尖的，可爱吧！这是美女的特征哦！呵呵，其实是把毛线向后拉的效果。

 设计、制作●齐藤郁子　制作方法●猫头鹰见第48页，迷你猫头鹰见第17页

熊猫

这些熊猫，是在吃竹叶呢，还是在午睡呢？无论什么时候看到它们，都是那么可爱。为什么看起来会这么可爱呢？看看第30页就明白了哦！

设计、制作●齐藤郁子　制作方法●见第30~31页

29页 熊猫的制作方法

如果能制作一些细长的毛绒球，也可制作出很多小动物哟！尤其是胖胖的、圆圆的前后腿用细长的毛绒球做起来更方便。但是，刚开始缝制的时候可能觉得有点难，多做几次就能掌握小窍门了！

设计、制作 齐藤郁子

完成尺寸 高13cm，宽11cm，厚10cm

●材料

和麻纳卡Tino线

白色(1) 58g、黑色(15) 20g

眼睛(黑色) 直径10mm 1对

毛球(黑色) 直径15mm 2个

手缝线(黑色) 适量

●工具

直径7cm、9cm的绒球器，2cm宽、2.5cm宽的细长毛绒球用的厚纸板，毛线缝针

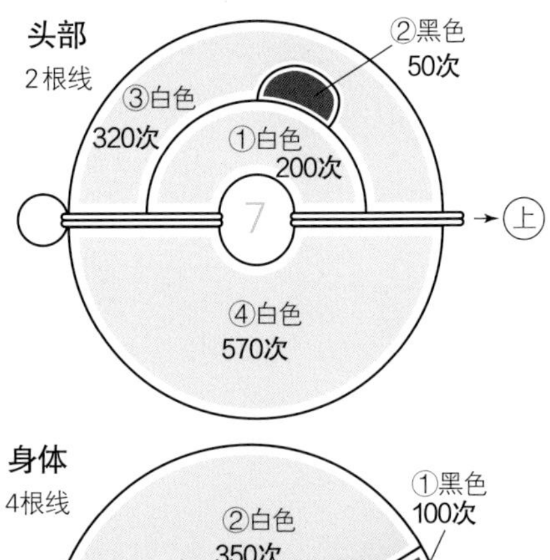

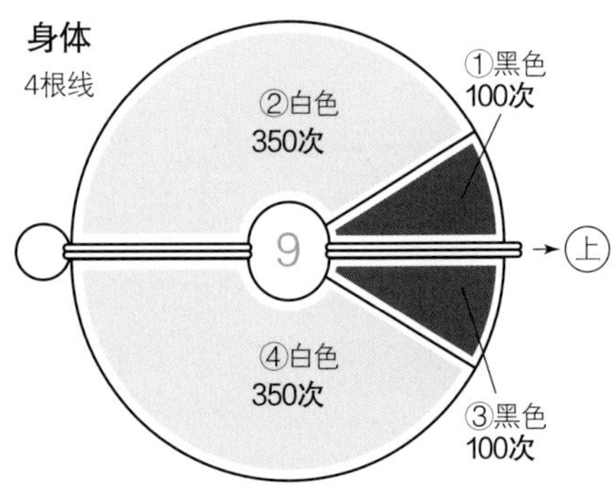

1. 制作头部和身体的毛绒球

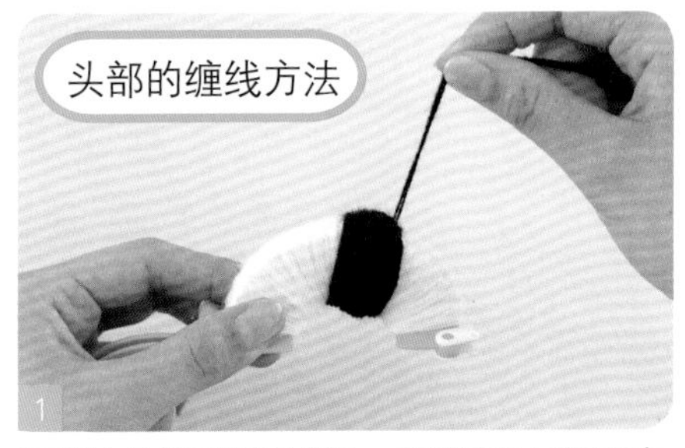

用2根白色的毛线在直径7cm的绒球器上缠200次，如图再缠50次2根黑色的毛线。

在步骤1的基础上再缠320次2根白色的毛线。在另一半绒球器上缠570次2根白色的毛线。缠线结束之后，用5根毛线打结，制作毛绒球(毛绒球的制作方法参照第5页)。

按照图示，分别使用4根黑色、4根白色的毛线缠绕，缠线结束后，参照头部的缠线方法，打结，制作毛绒球。

2. 把头部和身体连接起来，修剪整理形状

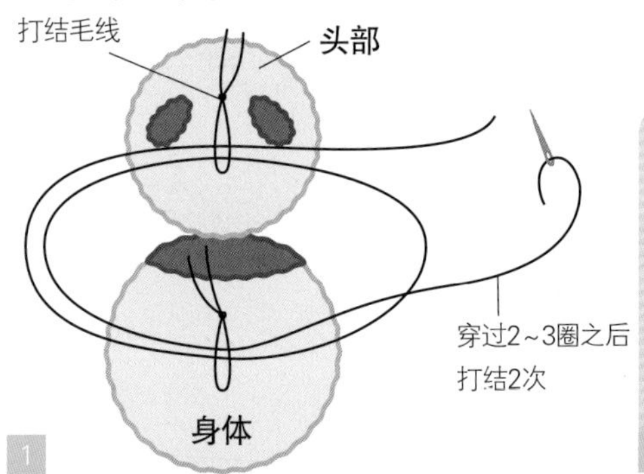

把3根线穿进毛线缝针里，然后把缝针分别穿过头部、身体的打结圈里，穿2~3圈后拉紧，打结。

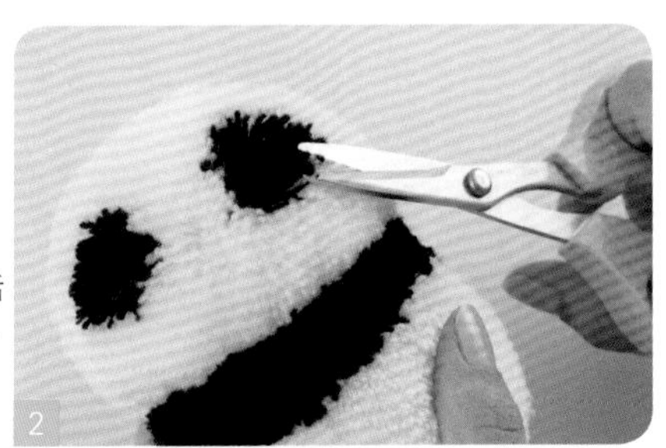

参照右图把头部和身体大致修剪成圆形。修剪时，把剪刀的刀刃放平，这样表面修剪得比较平整。

[前面]　[侧面]

眼睛、鼻子都粘贴组合后，再次整理毛线。

3. 制作前、后腿

准备2块制作细长毛绒球用的厚纸板（实物大小纸样见第47页）

前腿

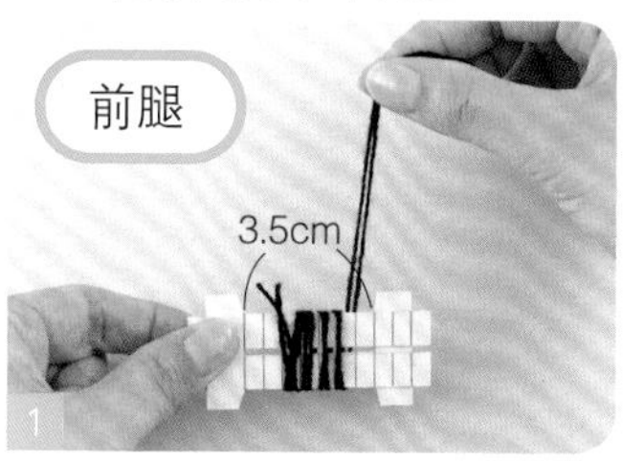

把制作细长毛绒球用的两块宽2cm的厚纸板如图重叠摆放，缠绕指定次数的毛线。如果缠线过紧的话，厚纸板之间的缝隙就会变窄，要注意。

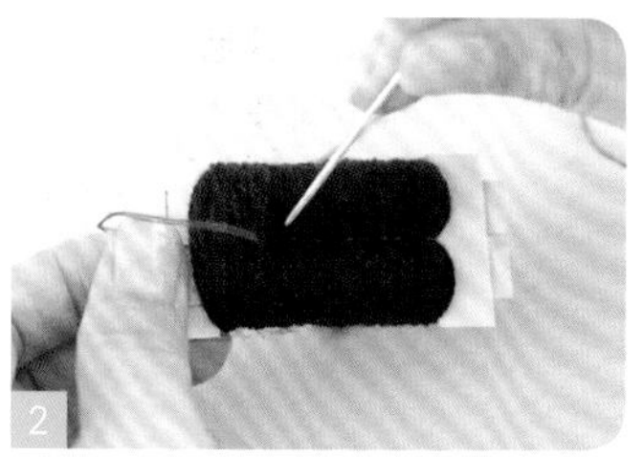

把手缝线穿过毛线缝针，缠绕的毛线通过回针缝固定（为了步骤清晰，使用红色的毛线）。

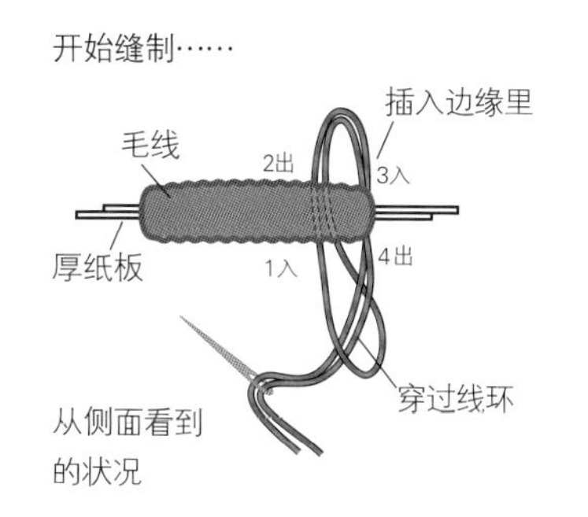

回针缝

从上面看到的情况

2出 3入 重复步骤2出、3入

从侧面看到的情况

缝制完毕之后，把剪刀插入厚纸板之间，剪线。然后左右抽拉，取掉厚纸板。

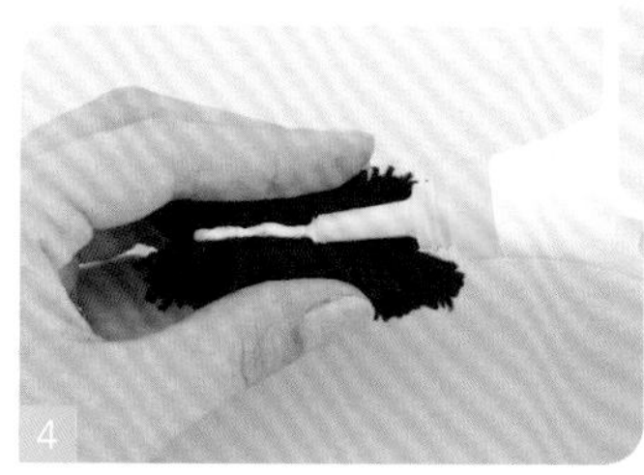

在缝针处涂上黏合剂，然后等待晾干。这样毛绒球会比较结实。

晾干之前，可用晾衣夹夹住缝针处。

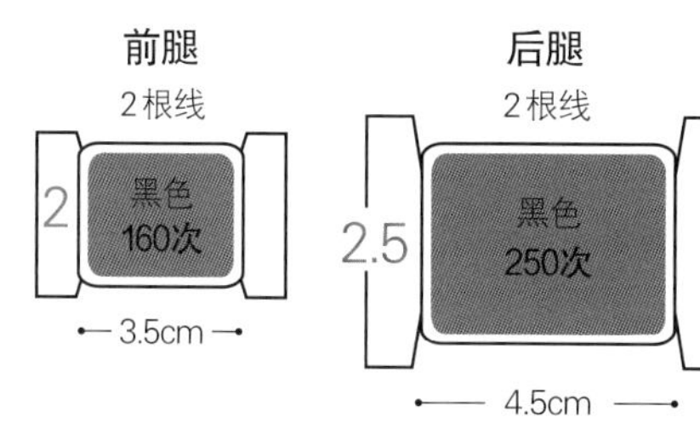

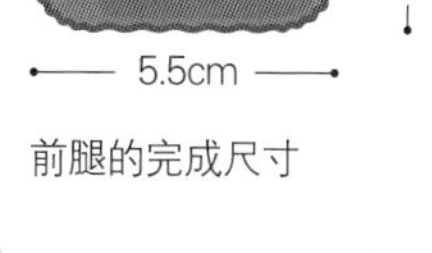

前腿的完成尺寸

后腿

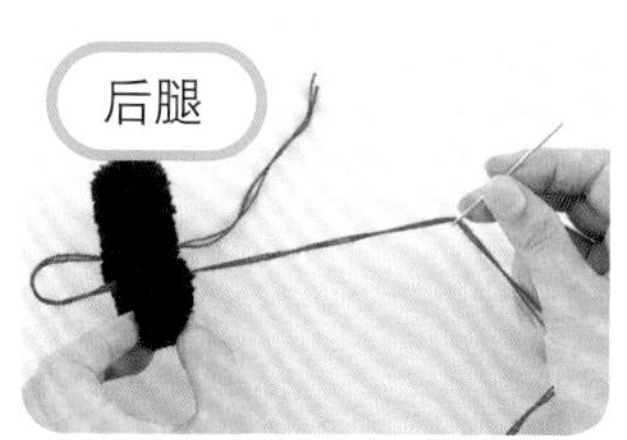

使用2.5cm宽的厚纸板制作细长毛绒球。距离中心处1cm，稍微弯曲，使用2根线缝制固定。

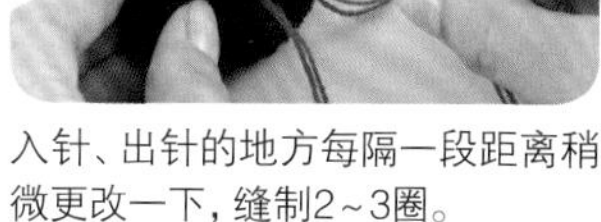

入针、出针的地方每隔一段距离稍微更改一下，缝制2~3圈。

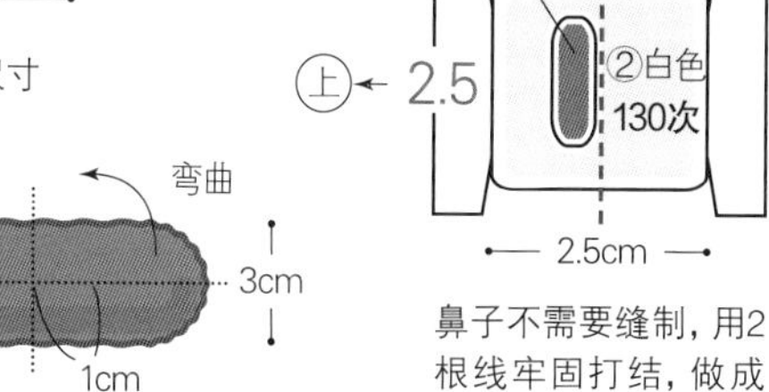

后腿的完成尺寸

鼻子不需要缝制，用2根线牢固打结，做成毛绒球。

4. 缝制组合眼睛、鼻子、前腿、后腿、耳朵

眼睛

圆纽扣穿上线，然后穿上纽扣的线再穿上针，缝制眼睛。针从头部的后面拉出，然后用从后面拉出的左右两边的线打结。

鼻子

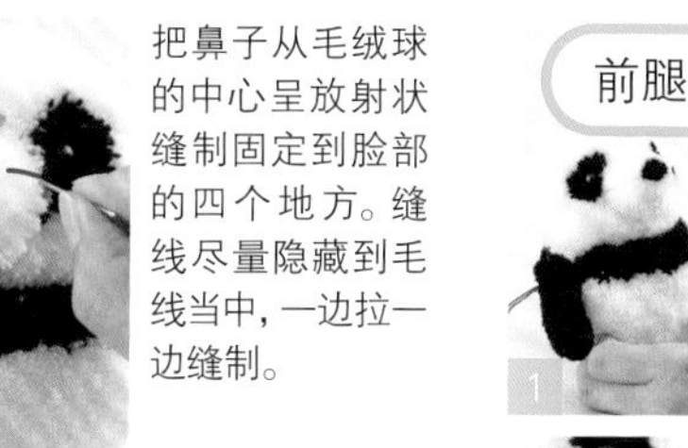

把鼻子从毛绒球的中心呈放射状缝制固定到脸部的四个地方。缝线尽量隐藏到毛线当中，一边拉一边缝制。

修剪整理鼻子四周的毛线。

前腿

把针插入一只前腿和身体里，从身体另一侧拉出。然后把针穿进另一只前腿里。

把针插进身体里，缝至最初插针的地方。每隔一段距离稍微更改一下，缝制2~3圈。牢固地缝制上。后腿也按照同样的方法进行缝制。

耳朵

用黏合剂将毛球粘贴组合后，即可完工。

使用各色毛线制作毛绒球小动物

制作毛绒球时，如果用线有区分的话，马上就能知道动物的毛发品质了。之前一直使用比较细的和麻纳卡Tino系列毛线。接下来我们尝试使用稍微粗点的中细毛线Piccolo或者其他不同素材的毛线。感受一下不同的毛线制作出来的不同感觉吧！

毛绒球小熊

白色小熊的毛发是柔顺丝滑的，浅茶色小熊的毛发是软软的。两只小熊都觉得自己是美美的。

丝滑毛发的Tino酱

柔软毛发的Piccolo酱

 设计、制作●北泽明子 制作方法●见第49页三只长卷毛狗，颜色、毛发均不同，但是总是在一起，关系还很好。

毛绒球
长卷毛狗

设计、制作●北泽明子　制作方法●见第50页

关系亲密的小动物们

折耳兔来到好朋友粉红色小兔子家里来玩啦！这两只小兔子都非常喜欢打扮、喜欢吃零食。这不，今天两只小兔子聊得都停不下来啦！

折耳兔

兔子

 设计、制作●KAWASAKITAKAKO　制作方法●见第51~52页

折耳兔的礼物是什么呢? 转第36页!

"昨天我做了小熊、小猫熊装饰的钥匙链，作为友情的象征，送给你哪一个呢？"

哇！好可爱的内裤哟！
还带个心形！

小猫熊

小熊

 设计、制作●KAWASAKITAKAKO 制作方法●见第53~54页

毛绒球动物课堂

②

介绍一下作品用线

本书中的作品使用了3种毛线。毛线的粗细度、素材、种类等分别使用，可制作出非常独特的作品，尝试一下吧！

和麻纳卡Tino线

非常细的腈纶毛线。因为毛线细，所以适合制作柔软丝滑的毛绒球。

和麻纳卡Piccolo线

中等粗细度的腈纶毛线，可制作比Tino线感觉更柔软的毛绒球。

和麻纳卡eco-ANDARIA线

这种毛线的感觉宛如草的细叶，可用来制作与其他毛绒球感觉不同的、有沙沙手感的毛绒球。

绒球器缠线次数

毛线的粗细及绒球器的大小不同，缠线的次数也不一样。接下来介绍一下大致的缠线次数（因作品不同，缠线次数也可能不同）。

绒球器				
直径	3.5cm	5.5cm	7cm	9cm
Tino线（2根线）	160次×2=约4g	400次×2=约13g	570次×2=约23g	900次×2=约44g
Piccolo线（2根线）	55次×2=约2g	150次×2=约8g	250次×2=约18g	400次×2=约36g
eco-ANDARIA线（2根线）	75次×2=约4g	200次×2=约12g	270次×2=约18g	400次×2=约30g

表格说明

↓两边都缠

160次×2=约4g ← 所需毛线的重量

↑单边缠的次数

根据缠线的次数，可判断出毛绒球小动物的毛发品质

（使用直径3.5cm的绒球器，毛线均为2根线）

缠200次和麻纳卡Tino线之后

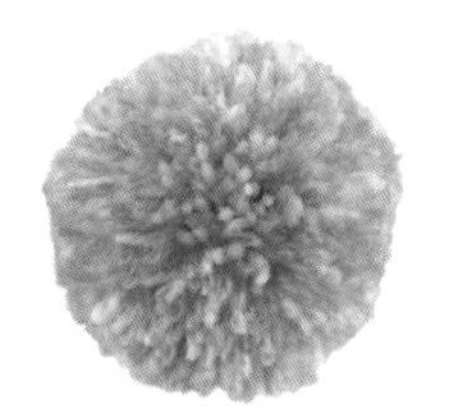

缠140次之后，然后修剪

稍微变小了点，毛发变得很紧凑

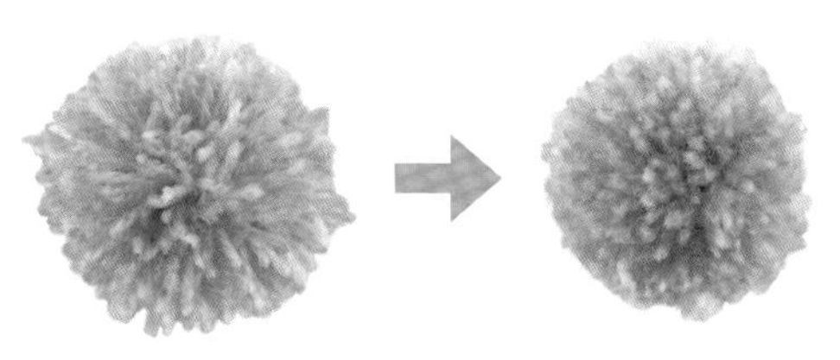

第9页问题的答案

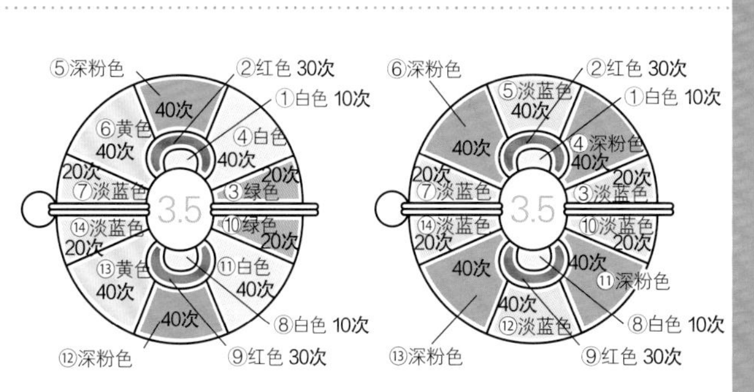

无论做什么都很努力的小兔子，善于乔装的小貂，亲切友善的小熊，一起住在森林里，它们是关系非常好的邻居，经常在一起愉快地聊天。

小貂

小熊

小兔子

我现在在
拼命练习呢!
咦? 练习什么?
变身哟!
哇,好厉害哟!
一定可以成功的哟!
……
哎! 我最近都
没练习耶!

猫咪们的生活

虎斑猫母子在家里，猫妈妈每天都让小猫咪帮忙跑腿，去买牛奶。

谢谢孩子每次帮我买东西，辛苦了。

 设计、制作●AKIKO堂 制作方法●见第58~61页吃饱喝足的虎斑猫母子，好像很开心哟！
尾巴翘起来，不停地摇晃着。

这两只小猫最喜欢玩毛线团啦，今天很快就找到毛线团了。

毛线有种弄乱的感觉。有只小猫在看着编织未完的毛衣，若有所思。

猫头鹰的小伙伴们

森林里的猫头鹰小伙伴们，都长有滴溜溜圆的大眼睛。用和麻纳卡eco-ANDARIA线制作的翅膀使它们非常骄傲和自豪。

 设计、制作●HAMANAKA企划 制作方法●见第62~63页

作品的制作方法

用于作品的各个配件

颜色	尺寸	型号
眼睛		
黑色	4mm	H221-304-1
	5mm	H221-305-1
	6mm	H221-306-1
	8mm	H221-308-1
圆纽扣		
黑色	10mm	H220-610-1
玻璃眼睛		
黄金色	7.5mm	H220-107-8
	9mm	H220-109-8
	10.5mm	H220-110-8
活动眼睛		
黑色	12mm	H220-512-1
	18mm	H220-518-1

颜色	尺寸	型号
编织用鼻子		
黑色	宽12mm	H220-812-1
和麻纳卡 毛球		
黑色	15mm	H221-115-1
粉红色	8mm	H221-108-4
红色	15mm	H221-115-5
白色	12mm	H221-112-9
	15mm	H221-115-9
	18mm	H221-118-9
	20mm	H221-120-9
橙色	8mm	H221-108-11
橙红色	10mm	H221-110-13

这些商品，均由日本HAMANAKA公司生产。

制作图的看法

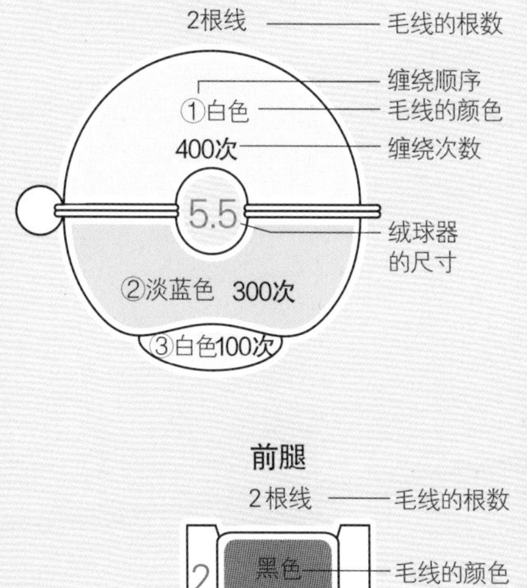

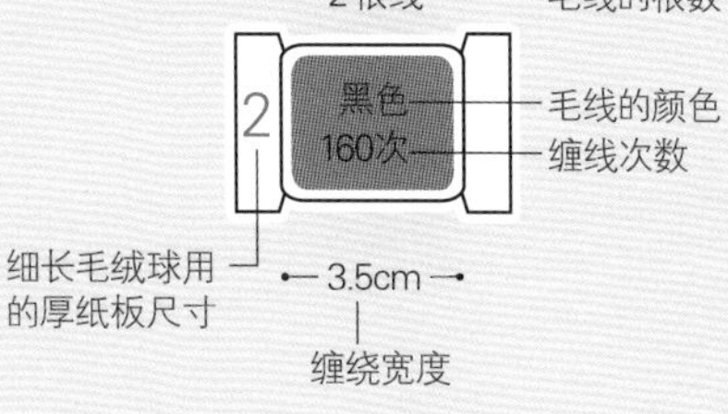

24 页 亲子帝企鹅

设计、制作
齐藤郁子

[企鹅妈妈]

●材料

和麻纳卡Tino线

黑色(15) 34g、白色(1) 20g、灰色(16) 11g、黄色(8) 2g

圆纽扣(黑色) 直径10mm 2个

不织布(黑色) 9cm×18cm、(深灰色) 7cm×9cm

●工具

直径7cm、9cm的绒球器,毛线缝针

●完成尺寸

高 11.5cm

●制作方法

1.缠绕指定次数的毛线,制作头部和身体的毛绒球。

2.把头部和身体毛绒球连接起来(参照第13页)。

3.修剪头部、身体,整理形状。

4.制作嘴巴、翅膀、脚。

5.粘贴眼睛、嘴巴、翅膀、脚。

●制作要点

♥毛绒球的彩图,参照第24~25页的图片进行修剪。

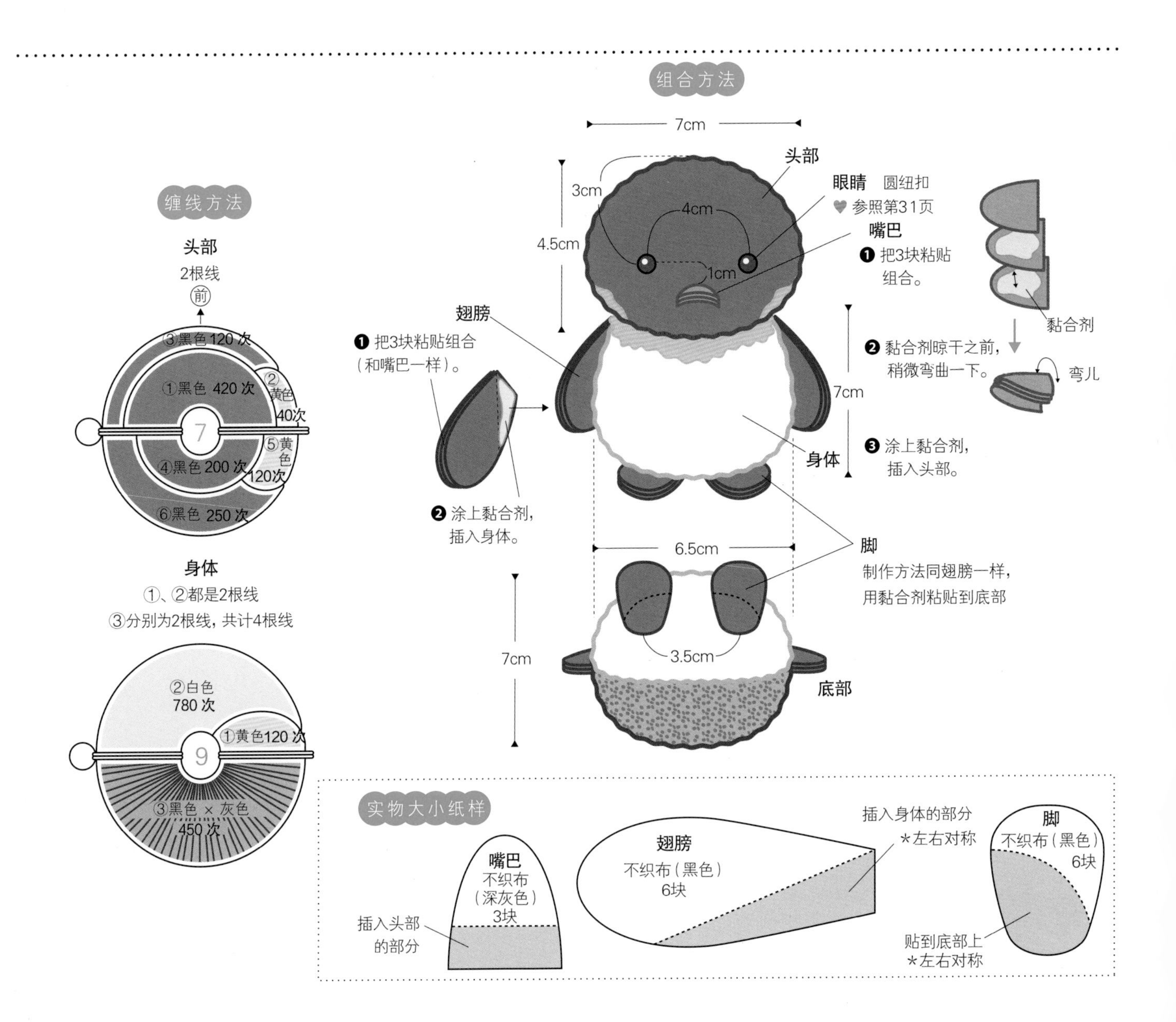

24页 亲子帝企鹅

设计、制作

齐藤郁子

[企鹅宝宝]

●材料

和麻纳卡Tino线

灰色(16) 23g、黑色(15) 10g、白色(1) 3g

眼睛(黑色) 直径8mm 2个

不织布(黑色) 4.5cm×5cm、(浅灰色) 7cm×9cm

●工具

直径5.5cm、7cm的绒球器，毛线缝针

●完成尺寸

高 9.5cm

●制作方法

1.缠绕指定次数的毛线，制作头部和身体的毛绒球。

2.把头部和身体毛绒球连接起来(参照第13页)。

3.修剪头部、身体，整理形状。

4.制作嘴巴、翅膀、脚。

5.粘贴眼睛、嘴巴、翅膀、脚。

●制作要点

♥毛绒球的彩图，参照第24~25页的图片，进行修剪。

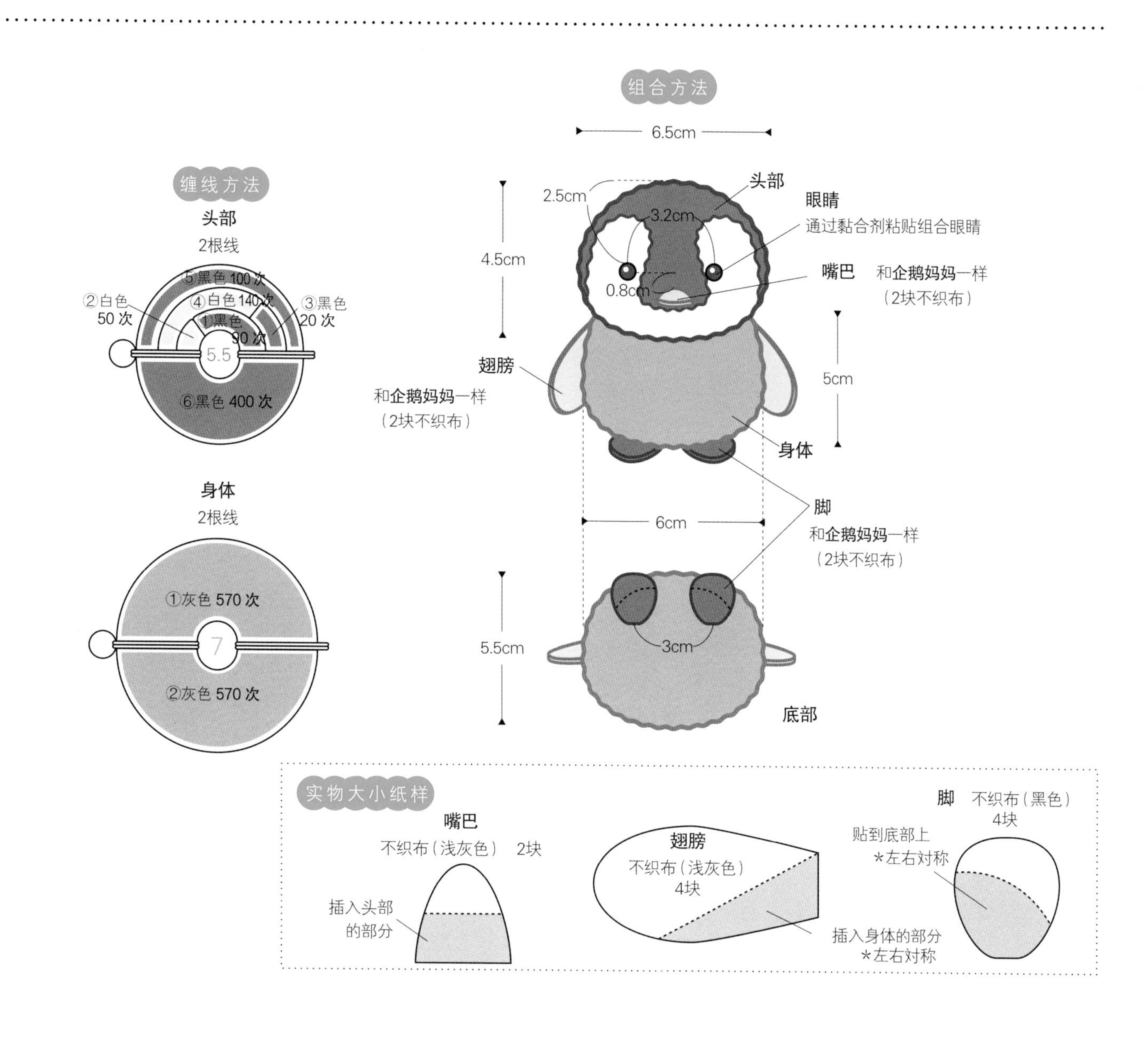

26页 松鼠

设计、制作

齐藤郁子

●材料

和麻纳卡Tino线

土黄色(13) 32g、深茶色(14) 10g、原白色(2) 7g

眼睛(黑色) 直径8mm 2个

不织布(黑色) 1cm×2cm、(土黄色) 2.5cm×7cm

手缝线(茶色) 适量

●工具

直径5.5cm、7cm的绒球器，宽2cm、2.5cm的细长毛绒球用的厚纸板(使用第47页的实物大小纸样进行制作)，毛线缝针

●完成尺寸

高 10cm

●制作方法

1.缠绕指定次数的毛线，制作头部和身体的毛绒球。

2.把头部和身体毛绒球连接起来(参照第13页)。

3.修剪头部、身体，整理形状。

4.制作尾巴、前腿、耳朵、鼻子。

5.粘贴眼睛、尾巴、前腿、耳朵、鼻子。

●制作要点

♥前腿参照第31页，使用细长毛绒球用的厚纸板进行制作。

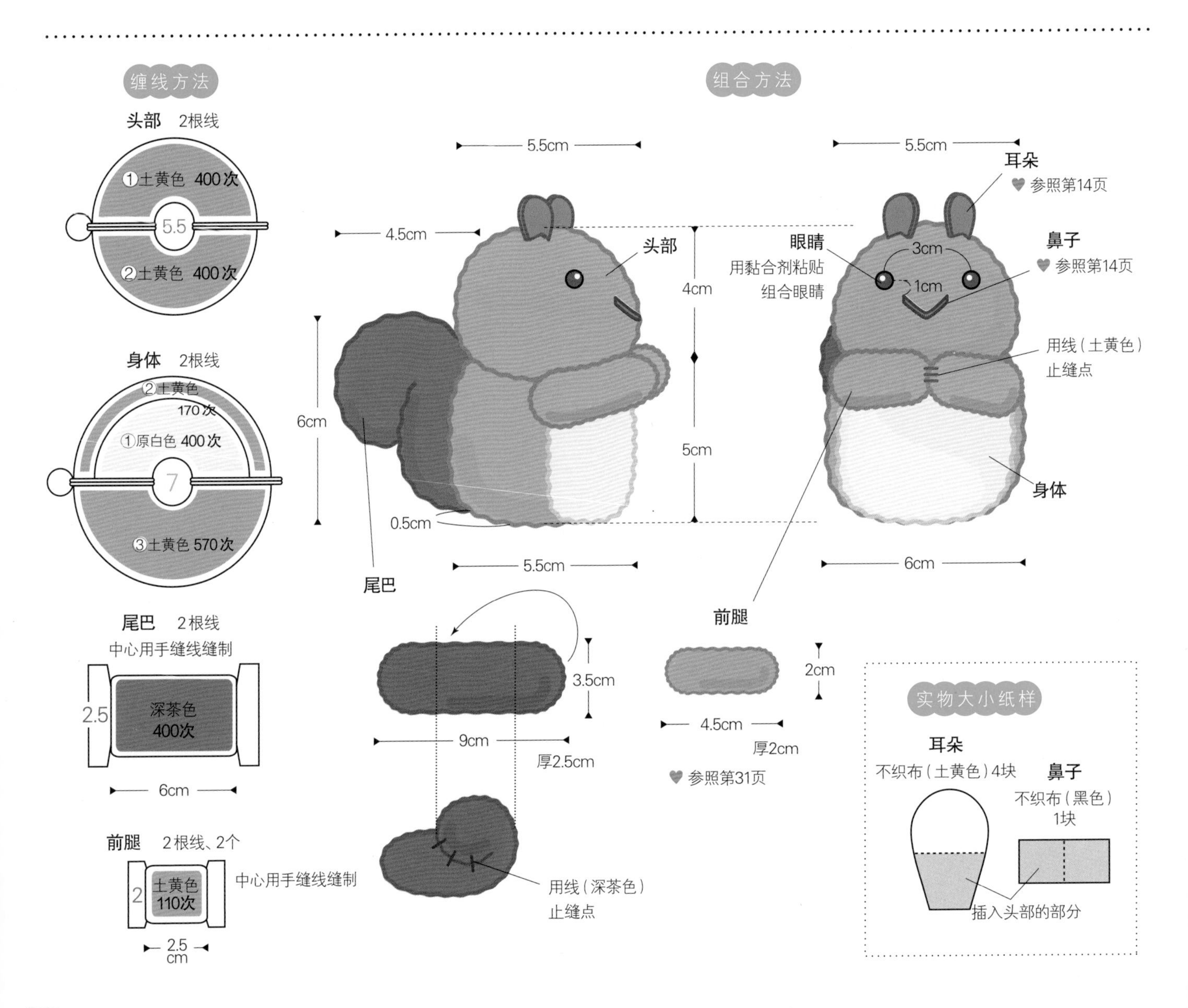

兔子

设计、制作

齐藤郁子

●材料

和麻纳卡Tino线　白色(1)　36g
眼睛(黑色)　直径8mm　2个
毛球(白色)　直径18mm　2个
不织布(白色)　4cm×8cm、
(橙红色)　1cm×2cm

●工具

直径5.5cm、7cm的绒球器，宽2cm的细长毛绒球厚纸板(使用右下方实物大小纸样进行制作)，毛线缝针

●完成尺寸

高　11cm

●制作方法

1.缠绕指定次数的毛线，制作头部和身体的毛绒球。
2.把头部和身体毛绒球连接起来(参照第13页)。
3.修剪头部、身体，整理形状。
4.制作尾巴、耳朵、鼻子。
5.粘贴眼睛、脚、尾巴、耳朵、鼻子。

●制作要点

♥粘贴组合时，耳朵朝外，会更可爱。

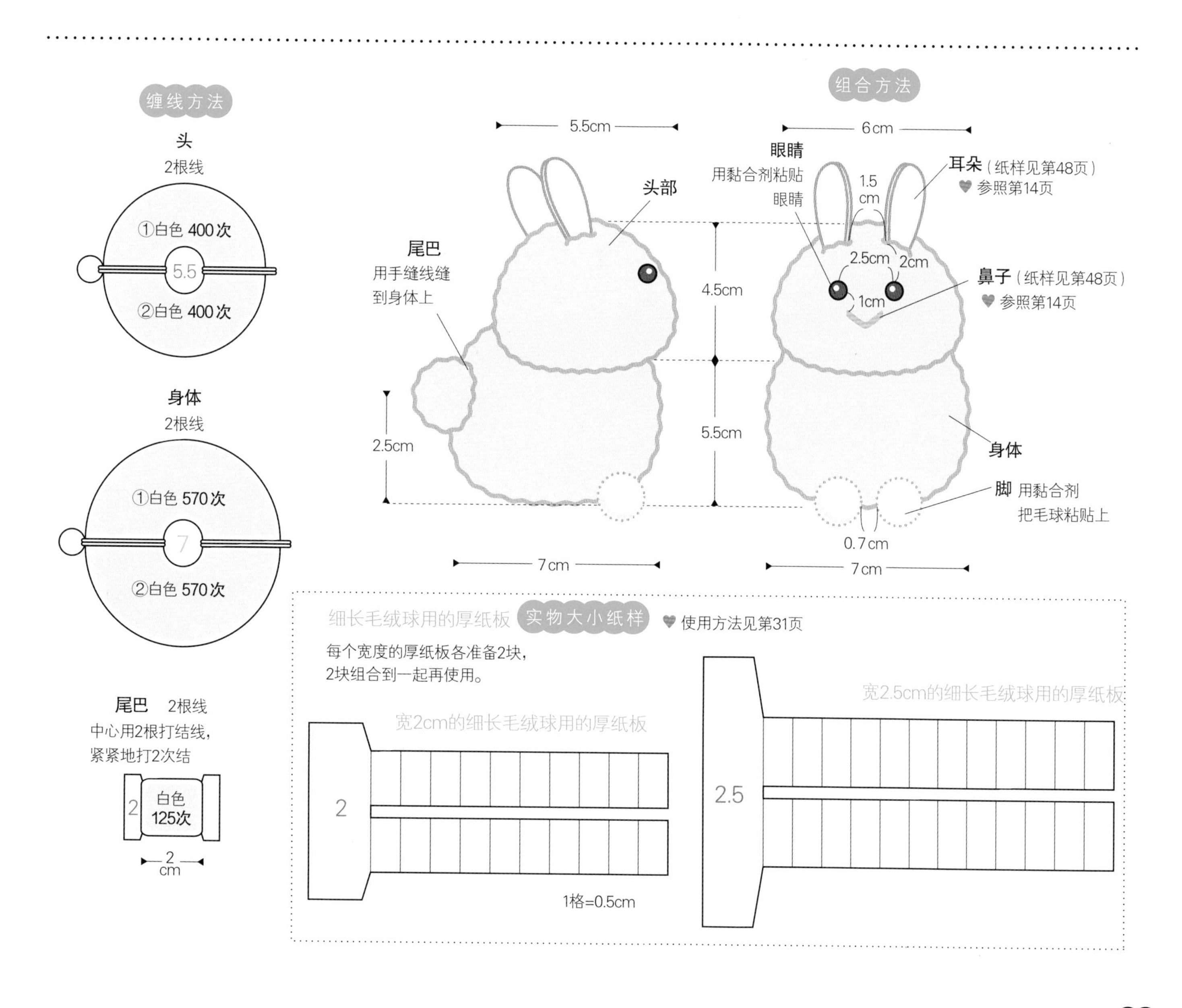

猫头鹰

设计、制作

齐藤郁子

●材料

和麻纳卡Tino线

土黄色(13) 16g、深茶色(14) 16g、

浅茶色(3) 7g

玻璃眼睛(黄金色) 直径9mm 1对

不织布(金黄色) 2cm×2.5cm

手缝线(深茶色) 适量

●工具

直径5.5cm、7cm的绒球器

宽2cm的细长毛绒球用的厚纸板

(使用第47页实物大小纸样进行制作)

毛线缝针、镊子

●完成尺寸

高 9cm

●制作方法

1.缠绕指定次数的毛线，制作头部和身体的毛绒球。

2.把头部和身体毛绒球连接起来(参照第13页)。

3.修剪头部、身体整理形状。

4.制作翅膀、嘴巴。

5.粘贴眼睛、翅膀、嘴巴。

●制作要点

♥参照第31页进行制作，粘贴组合。

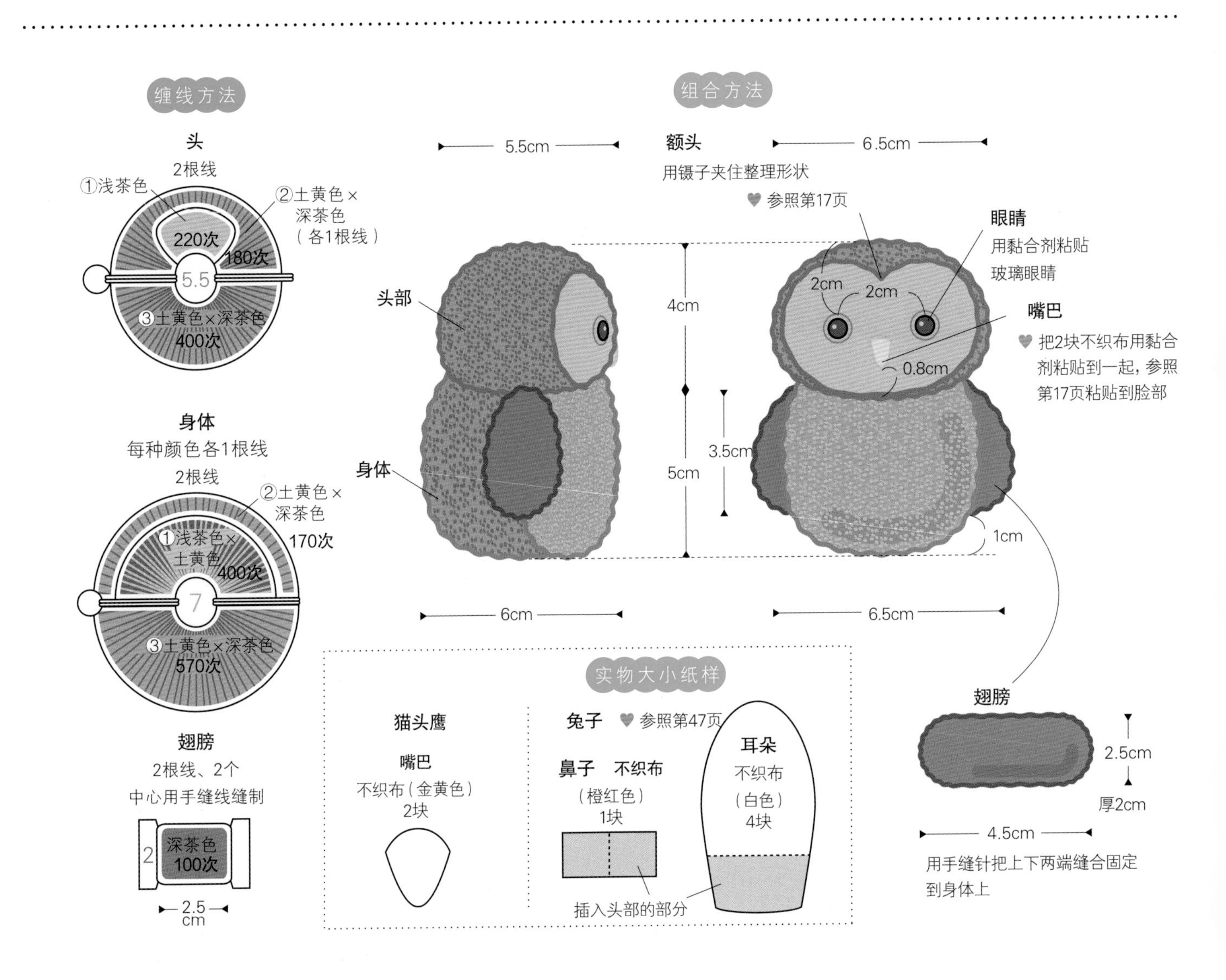

32 页 毛绒球小熊

设计、制作
北泽明子

●材料

［白色小熊］ Tino酱和麻纳卡Tino线
原白色(2) 100g
眼睛(黑色) 直径8mm 2个
编织用鼻子(黑色) 宽12mm 1个
丝带(红色) 宽0.3cm 长35cm

［浅茶色小熊］ Piccolo酱和麻纳卡Piccolo线
深茶色(38) 75g
眼睛(黑色) 直径8mm 2个
编织用鼻子(茶色) 宽12mm 1个
丝带(红色) 宽0.7cm，长35cm

●工具 ［通用］
直径5.5cm、7cm、9cm的绒球器，毛线缝针

●完成尺寸
高 11cm

●制作方法
1.缠绕指定次数的毛线，制作各个部分的毛绒球。
2.修剪各个部分的毛绒球，并整理其形状。
3.把头部和身体毛绒球连接起来(参照第13页)。
4.用黏合剂粘贴耳朵、前脚、后脚、尾巴。
5.用黏合剂粘贴眼睛、鼻子，然后系上丝带。

●制作要点
♥口鼻部要稍微修剪小一点。
♥黏合剂晾干之前，可用胶带固定各个部分。

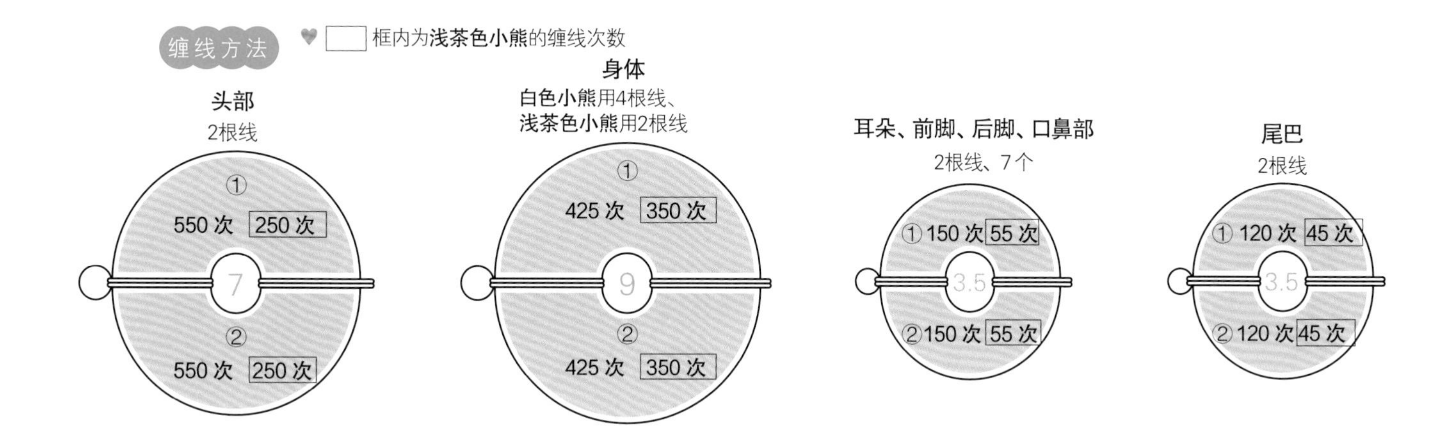

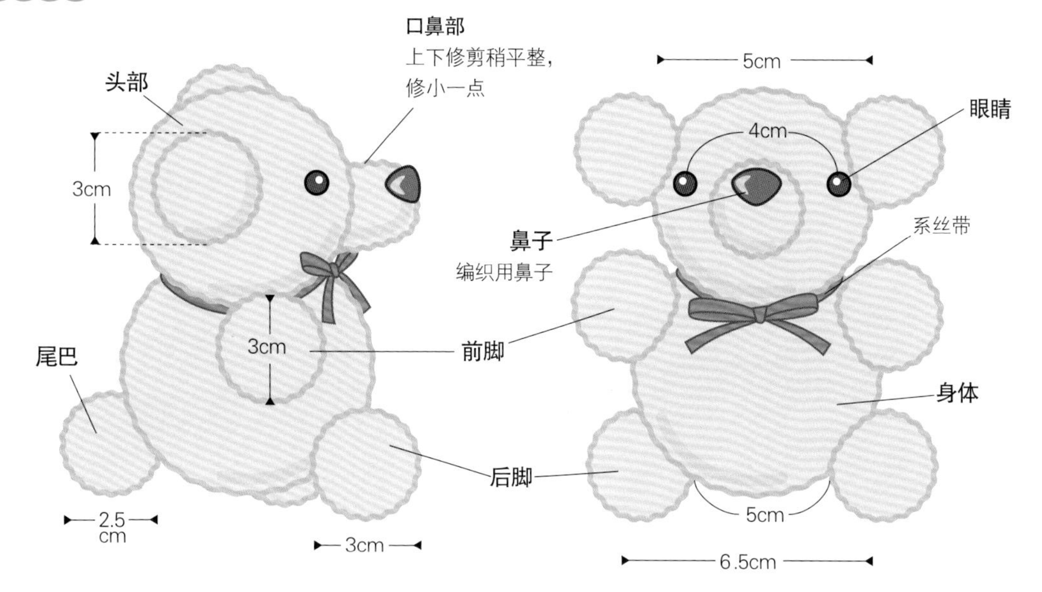

33页 毛绒球长卷毛狗

设计、制作
北泽明子

●材料

Tino吉和麻纳卡Tino线　浅茶色(3)　120g
Tino太和麻纳卡Tino线　深茶色(14)　120g

Piccolo郎和麻纳卡Piccolo线　金茶色(21)　75g

[通用]
眼睛(黑色)　直径8mm　各2个
编织用鼻子(黑色)　宽12mm　各1个

●工具　[通用]

直径3.5cm、5.5cm、7cm、9cm的绒球器，毛线缝针

●完成尺寸

长　15cm(从鼻尖到尾巴)

●制作方法

1.缠绕指定次数的毛线，制作各个部分的毛绒球。
2.修剪各个部分的毛绒球，并整理其形状。
3.把头部和身体毛绒球连接起来(参照第13页)。
4.通过黏合剂粘贴耳朵、前脚、后脚、尾巴。
5.用黏合剂粘贴眼睛、鼻子。
6.系上丝带。

●制作要点

♥口鼻部要稍微修剪小一点。
♥黏合剂晾干之前，可用胶带固定各个部分。

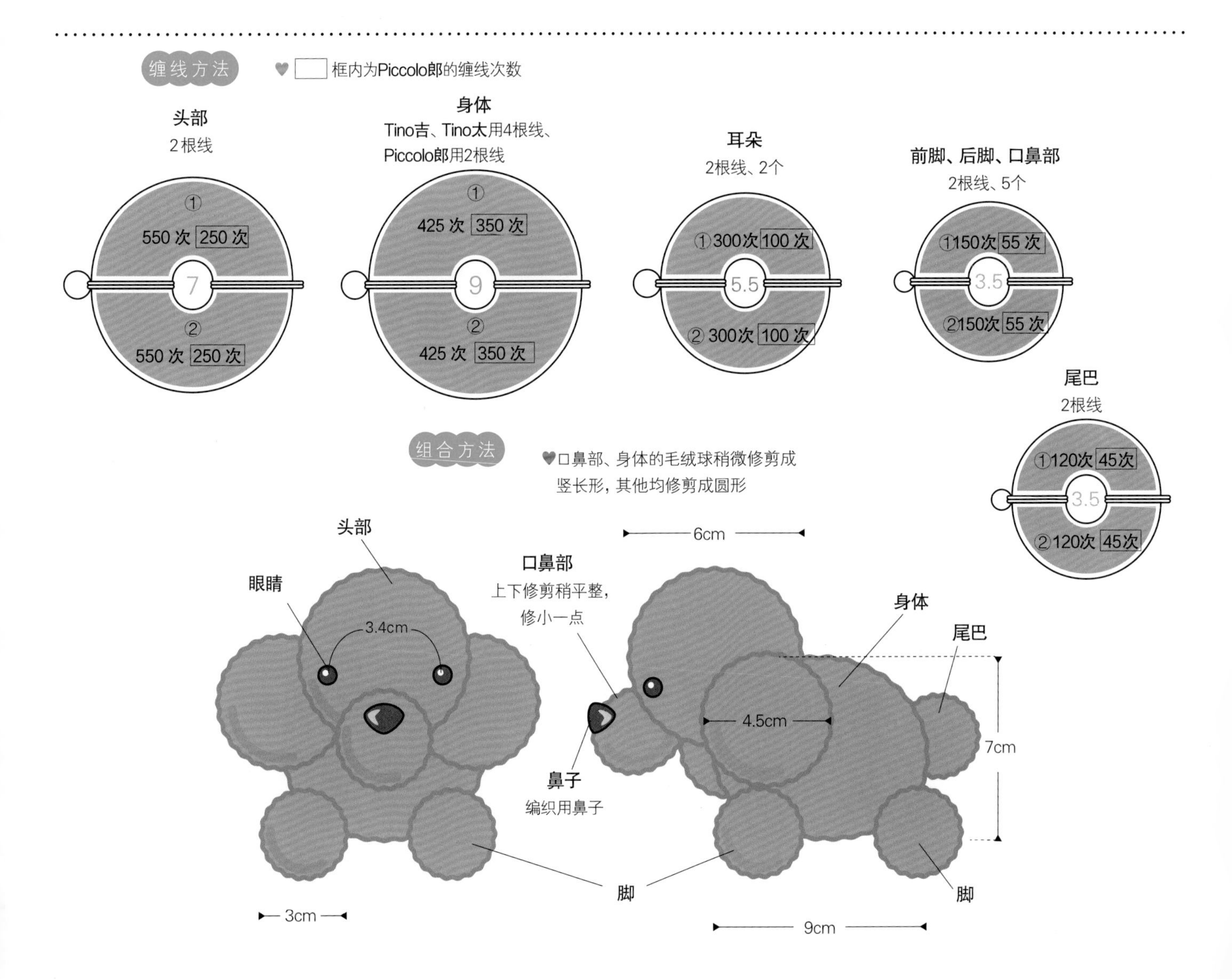

关系亲密的小动物们

设计、制作
KAWASAKITAKAKO

［折耳兔］

●材料

和麻纳卡Piccolo线
原白色（2） 70g、浅粉色（40） 12g、
淡蓝色（12） 10g、浅紫色（14） 10g
眼睛（黑色） 直径8mm 2个
毛球（茶色） 直径12mm 1个
喜欢的丝带（原白色） 25cm

●工具

直径3.5cm、5.5cm、7cm、9cm的绒球器，
毛线缝针

●完成尺寸

高 12cm

●制作方法

1.缠绕指定次数的毛线，制作各个部分的毛绒球。
2.修剪各个部分的毛绒球，并整理其形状。
3.把头部和身体毛绒球连接起来（参照第13页）。
4.用黏合剂粘贴耳朵、前腿、后腿、口鼻部（参照第31页的步骤4）。
5.修剪并整理整体的形状。
6.用黏合剂粘贴眼睛、鼻子，并系上丝带。

●制作要点

♥ 两只耳朵不要连接在一起，修剪成细长形状。

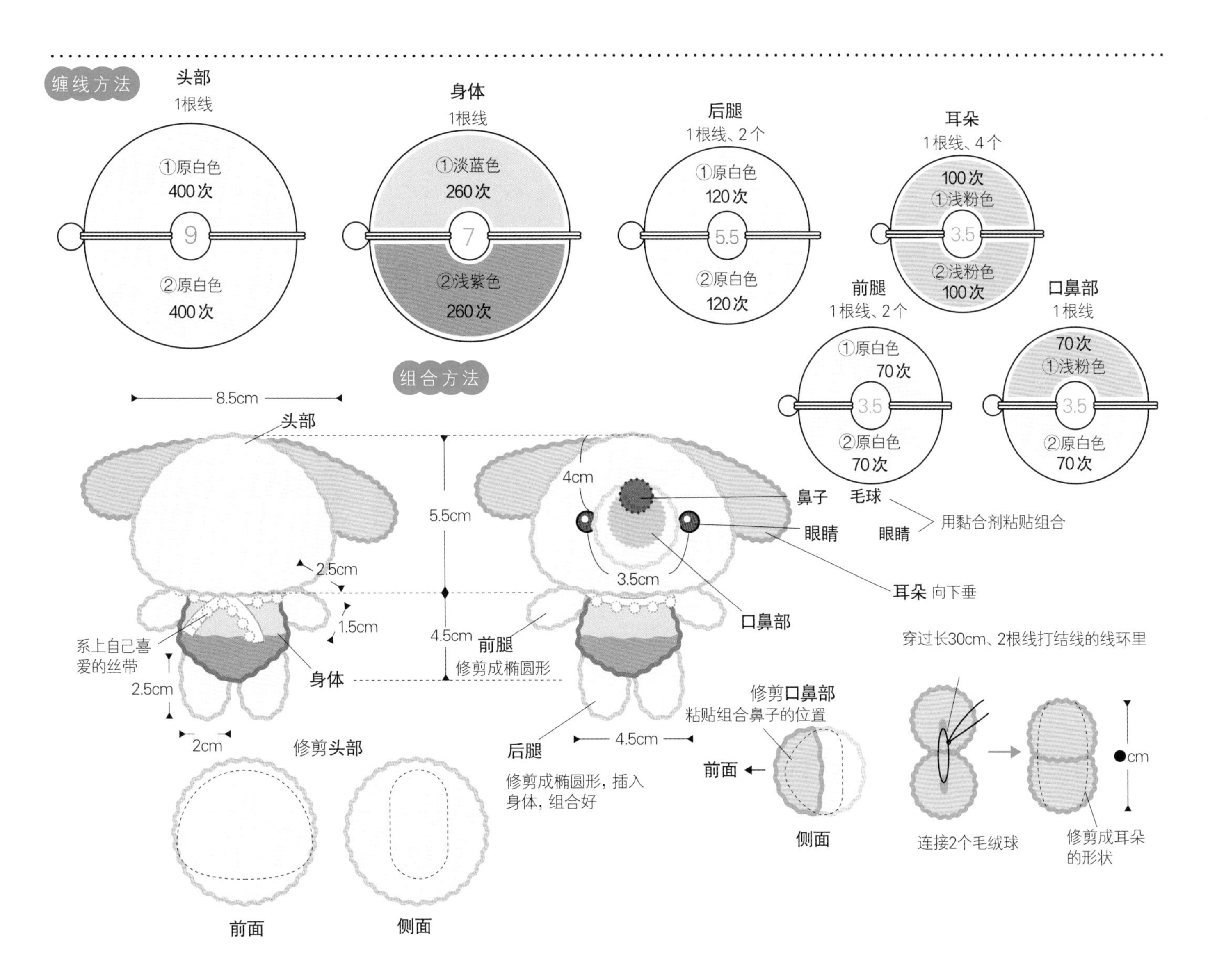

34页 关系亲密的小动物们

设计、制作
KAWASAKITAKAKO

［粉红色的小兔子］

●材料

和麻纳卡Piccolo线
粉红色（4） 70g、浅紫色（14） 10g、
淡蓝色（12） 4g
眼睛（黑色） 直径8mm 2个
毛球（白色） 直径20mm 1个、（红色） 直径15mm 2个、（茶色） 直径12mm 1个
25号的刺绣线（茶色） 适量

●工具

直径3.5cm、5.5cm、7cm、9cm的绒球器，毛线缝针，刺绣针

●完成尺寸

高 15cm

●制作方法

1.缠绕指定次数的毛线，制作各个部分的毛绒球。
2.修剪各个部分的毛绒球。
3.把头部和身体毛绒球连接起来（参照第13页）。
4.粘贴组合耳朵、前后腿、尾巴（参照第31页的步骤4）。
5.修剪并整理整体的形状。
6.制作鼻子。
7.用黏合剂粘贴眼睛、鼻子、丝带。

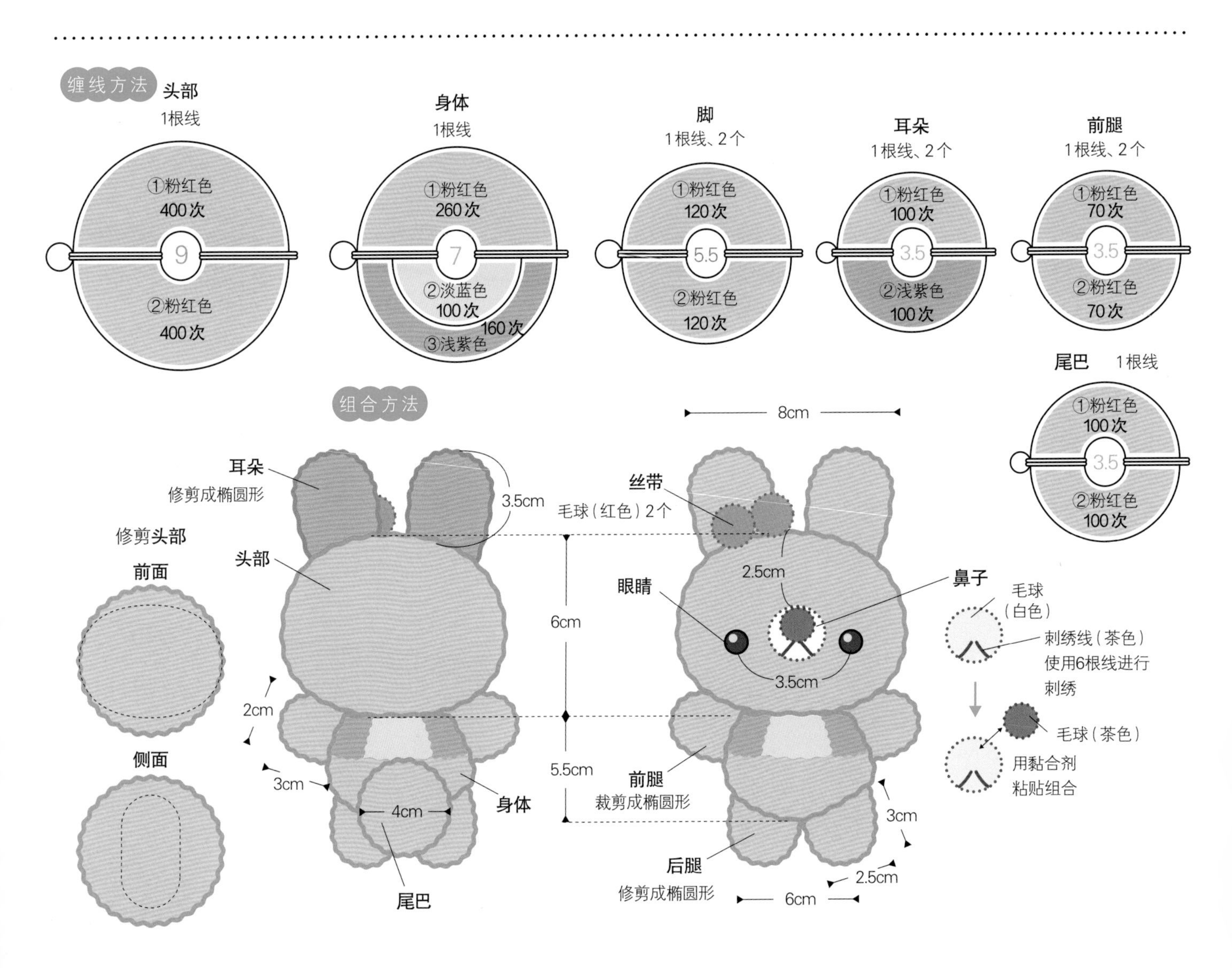

36页 关系亲密的小动物们

设计、制作
KAWASAKITAKAKO

[小熊]

●材料

和麻纳卡Piccolo线

淡蓝色(12) 35g、原白色(2) 15g、深粉色(5) 5g

眼睛(黑色) 直径8mm 2个

毛球(白色) 直径20mm 1个、(茶色) 直径10mm 1个

25号的刺绣线(茶色) 适量

丝带(原白色) 25cm

钥匙链 1个

●工具

直径3.5cm、5.5cm、7cm的绒球器，毛线缝针，刺绣针

●完成尺寸

高 10cm

●制作方法

1.缠绕指定次数的毛线，制作各个部分的毛绒球。
2.修剪各个部分的毛绒球。
3.把头部和身体毛绒球连接起来(参照第13页)。
4.粘贴组合耳朵、前腿、后腿、尾巴(参照第31页的步骤4)。
5.修剪并整理整体的形状。
6.制作鼻子(参照第52页)。
7.用黏合剂粘贴眼睛、鼻子，再系上自己喜欢的丝带。

●制作要点

♥链子的安装方法，参照第14页。

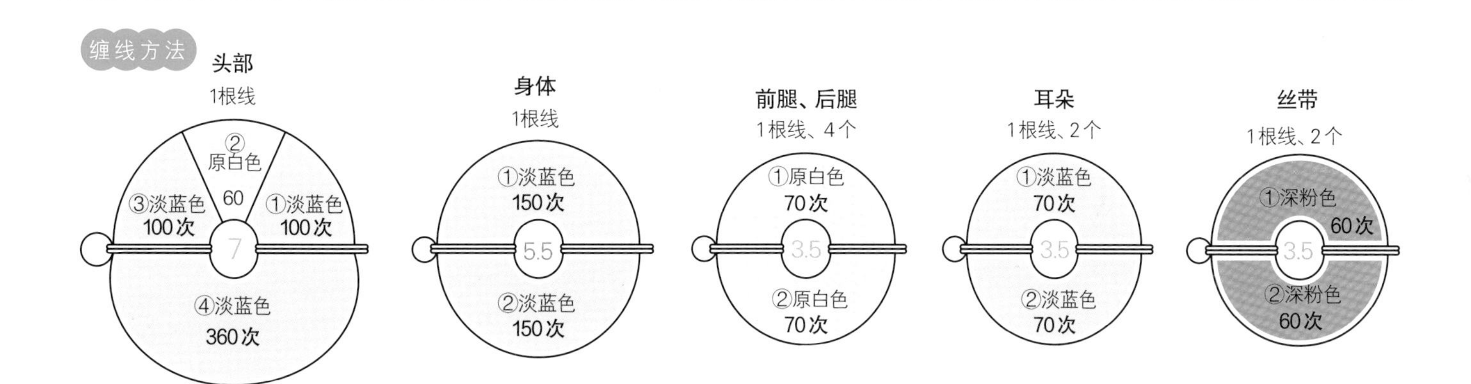

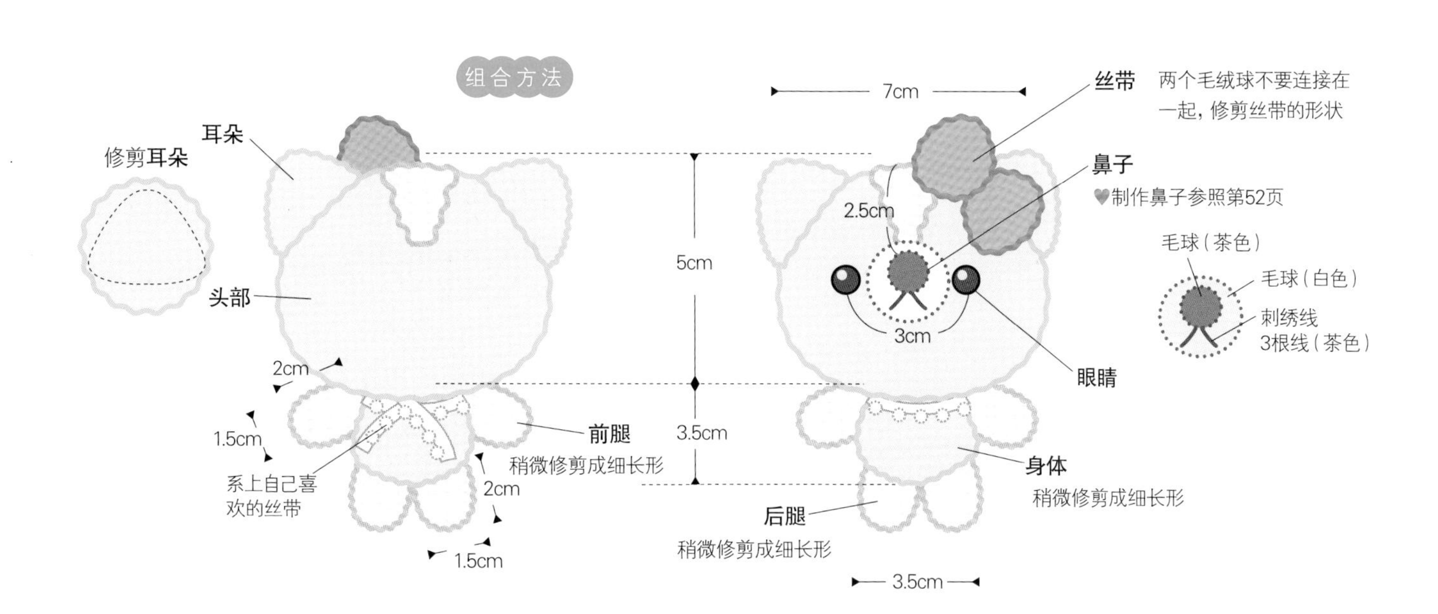

关系亲密的小动物们

设计、制作
KAWASAKITAKAKO

[小猫熊]

●材料

和麻纳卡Piccolo线
黄色(8) 35g、深粉色(5) 2g
玻璃眼睛(棕色) 直径9mm 1对
毛球(白色) 直径18mm 1个、(橙红色)直径10mm 1个
25号的刺绣线(茶色) 适量
丝带(原白色) 25cm
钥匙链 1个

●工具 [通用]

直径3.5cm、5.5cm、7cm的绒球器,毛线缝针,刺绣针,镊子

●完成尺寸

高 10.5cm

●制作方法

1.缠绕指定次数的毛线,制作各个部分的毛绒球。
2.修剪各个部分的毛绒球。
3.把头部和身体毛绒球连接起来(参照第13页)。
4.粘贴组合耳朵、前腿、后腿(参照第31页的步骤4)。
5.修剪并整理整体的形状。
6.制作鼻子(参照第52页)。
7.用黏合剂粘贴眼睛、鼻子,再系上自己喜欢的丝带。

●制作要点

♥链子的安装方法,参照第14页。

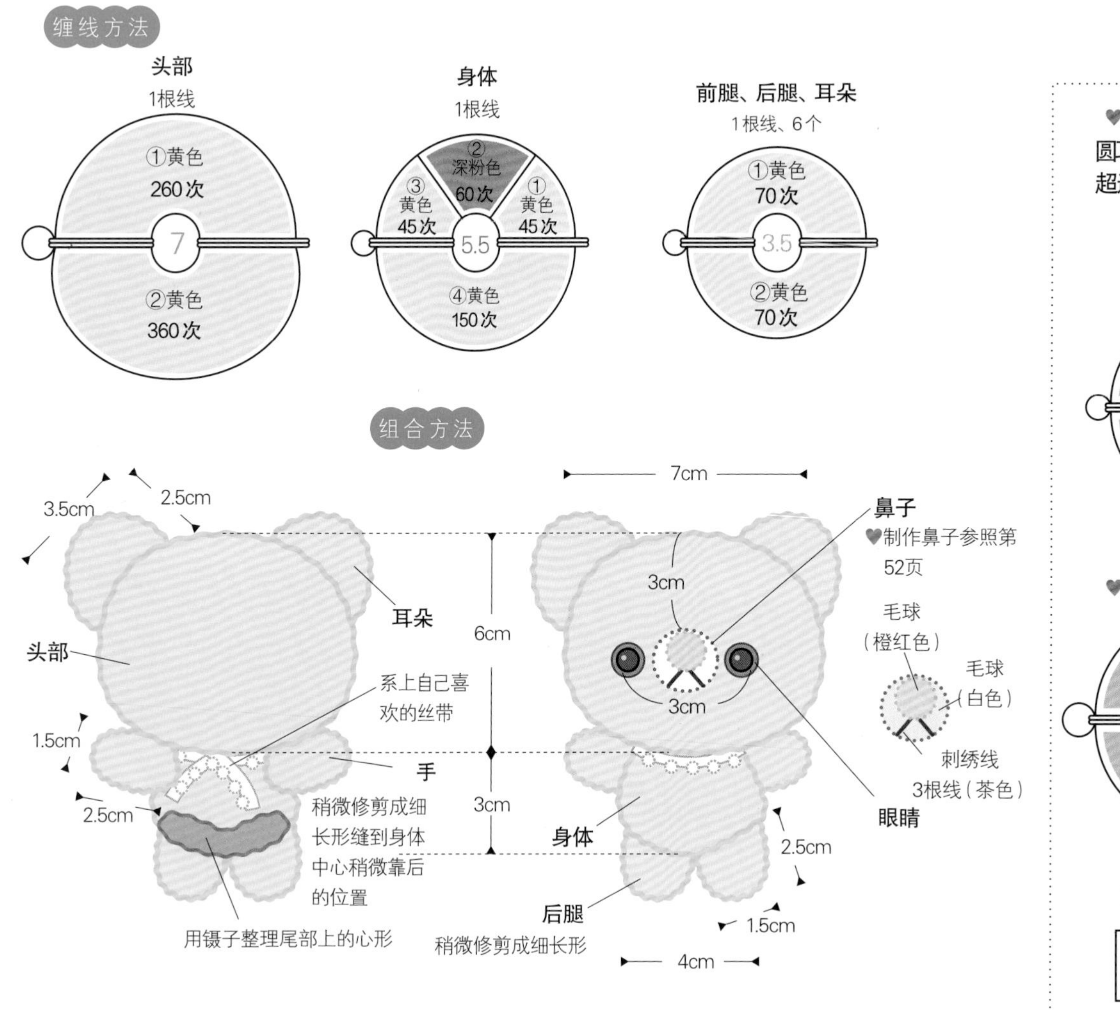

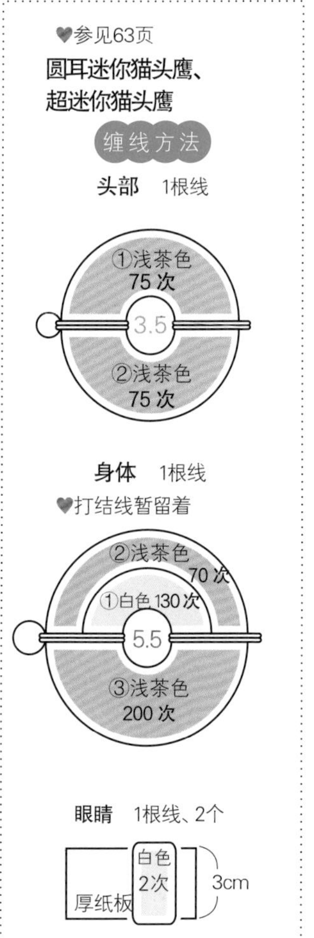

38页 森林里的邻居们

设计、制作
AKIKO堂

［小兔子］

●材料
和麻纳卡Piccolo线
深粉色(5)　25g
眼睛(黑色)　直径8mm　2个
毛球(白色)　直径20mm　3个、直径12mm　2个
不织布(深粉色)　5cm×6cm、(浅粉色)
4cm×4cm、(白色)　1.5cm×3cm
手缝线(白色)　适量

●工具
直径3.5cm、5.5cm的绒球器，
叉子(宽3cm左右)，毛线缝针

●完成尺寸
高　13cm(包含耳朵)

●制作方法
1.缠绕指定次数的毛线，制作各个部分的毛绒球。
2.把头部和身体毛绒球连接起来(参照第13页)。
3.粘贴组合前腿、后腿、尾巴(参照第31页的步骤4)。
4.制作耳朵、眼睛、口鼻部、肉球。
5.用黏合剂粘贴耳朵、眼睛、口鼻部、肉球。

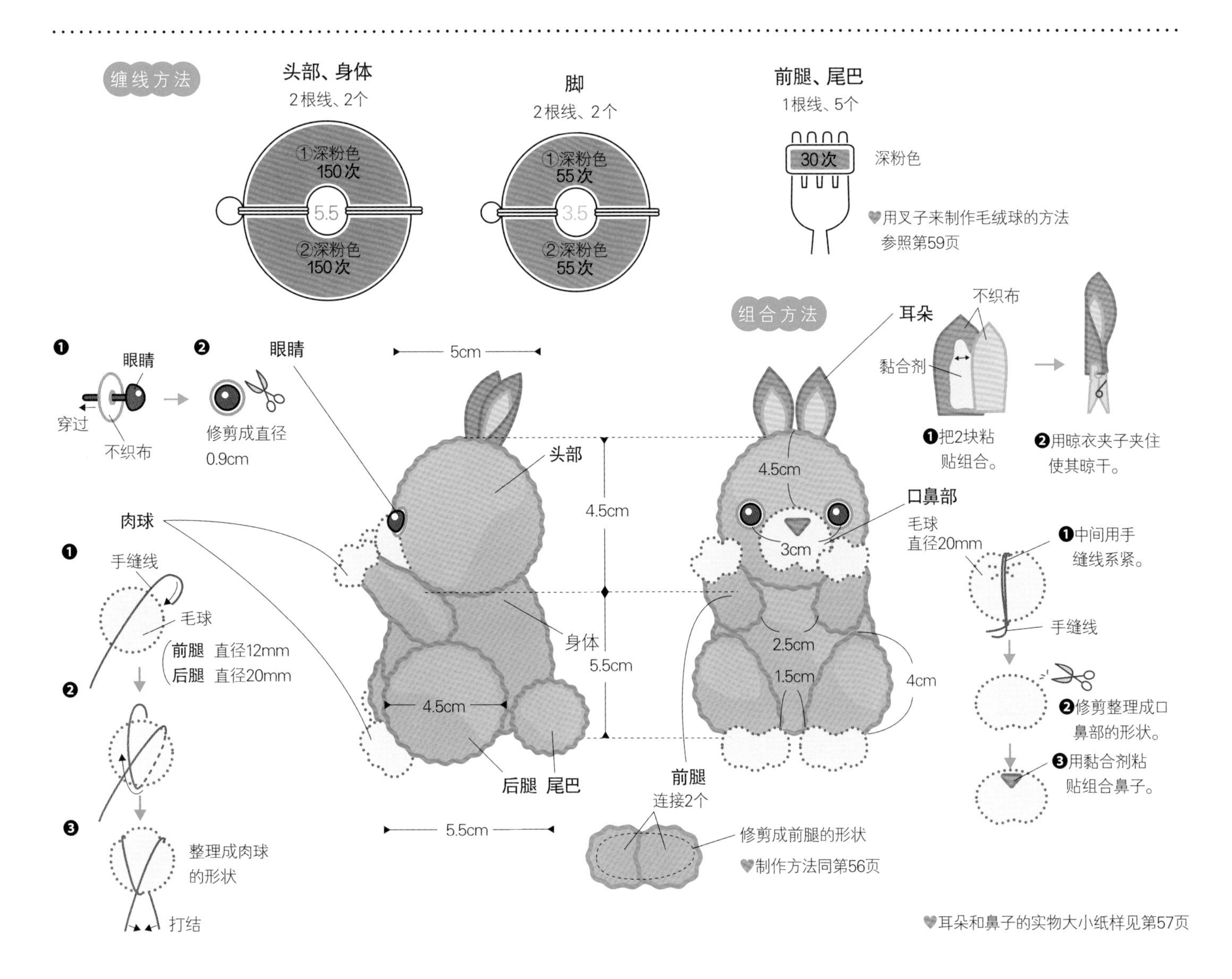

38页 森林里的邻居们

设计、制作
AKIKO堂

［小貂］

●材料

和麻纳卡Piccolo线
黄金色（25） 25g、深茶色（17） 10g
眼睛（黑色） 直径8mm 2个
毛球（白色） 直径20mm 1个
不织布（深茶色） 3cm×8cm、
（金黄色） 2cm×6cm、（绿色） 2cm×4cm、
（黑色） 1cm×1cm、（白色） 1.5cm×3cm
手缝线（白色） 适量

●工具

直径3.5cm、5.5cm的绒球器，叉子（宽3cm左右），毛线缝针

●完成尺寸

高 12.5cm

●制作方法

1.缠绕指定次数的毛线，制作各个部分的毛绒球。
2.把头部和身体毛绒球连接起来（参照第13页）。
3.粘贴组合前腿、后腿、尾巴（参照第31页的步骤4）。
4.制作并粘贴耳朵、眼睛、口鼻部、叶子。

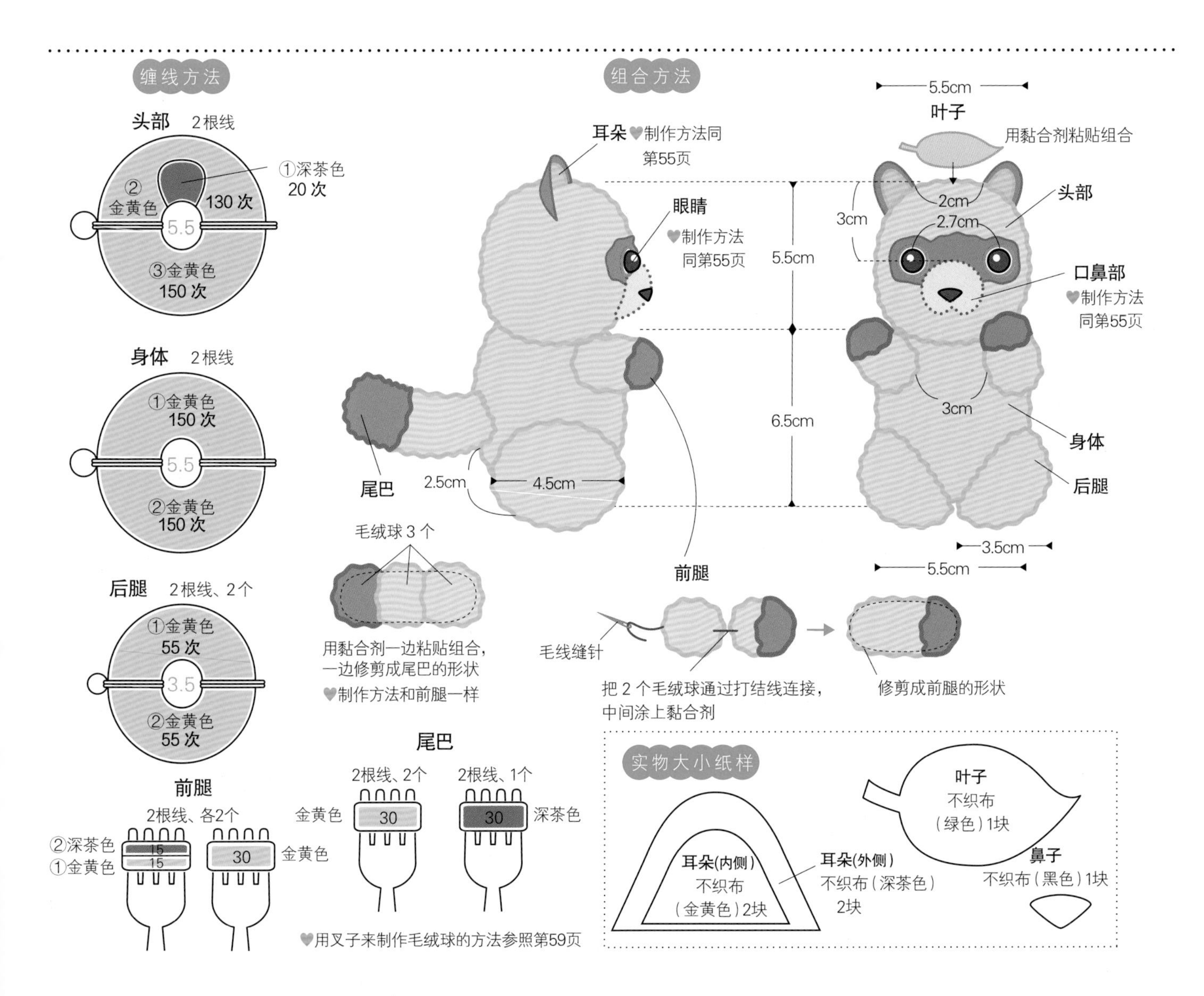

森林里的邻居们

设计、制作
AKIKO堂

[小熊]

●材料

和麻纳卡Piccolo线
深茶色(17) 25g
毛球(黑色) 直径6mm 2个
毛球(白色) 直径20mm 1个
不织布(深茶色) 3cm×8cm、(白色) 2.5cm×6cm、(黑色) 1cm×1.5cm
手缝线(白) 适量

●工具

直径3.5cm、5.5cm的绒球器,
叉子(宽3cm左右),毛线缝针

●完成尺寸

高 11cm

●制作方法

1.缠绕指定次数的毛线,制作各个部分的毛绒球。
2.把头部和身体毛绒球连接起来(参照第13页)。
3.粘贴组合前腿、后腿、尾巴(参照第31页的步骤4)。
4.制作并粘贴耳朵、眼睛、口鼻部。

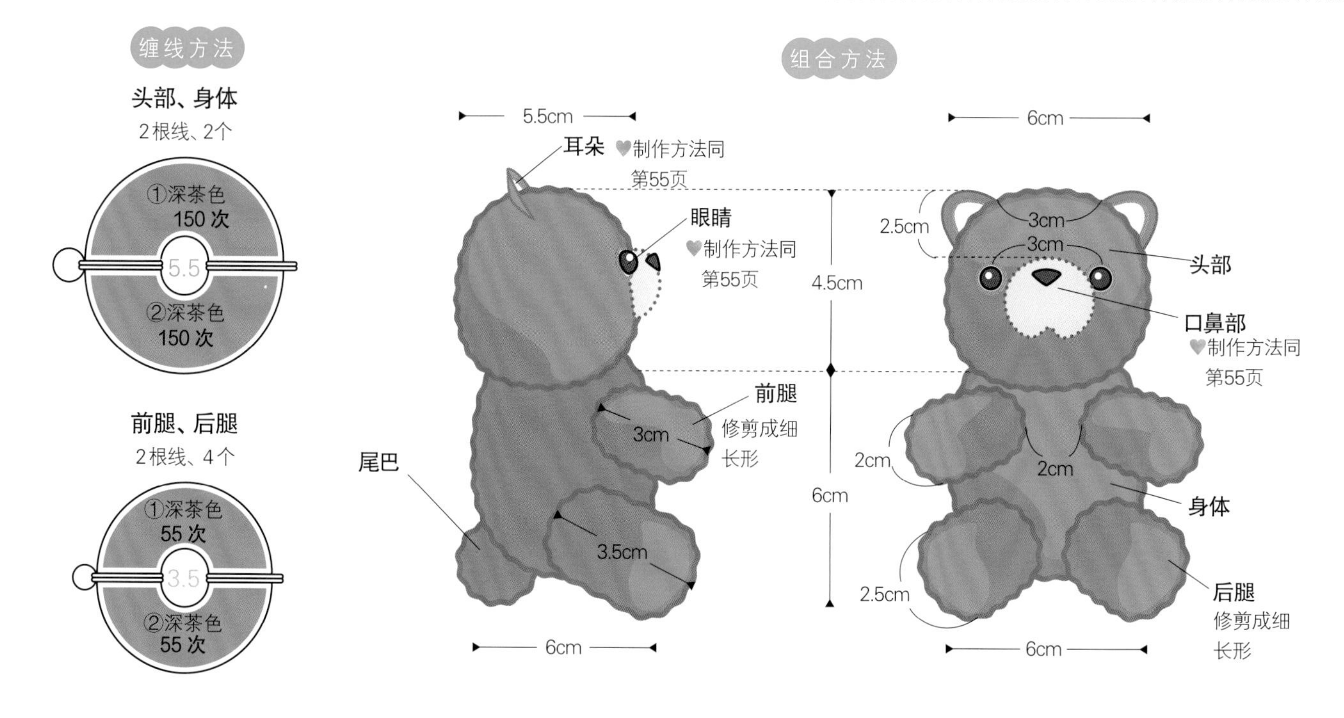

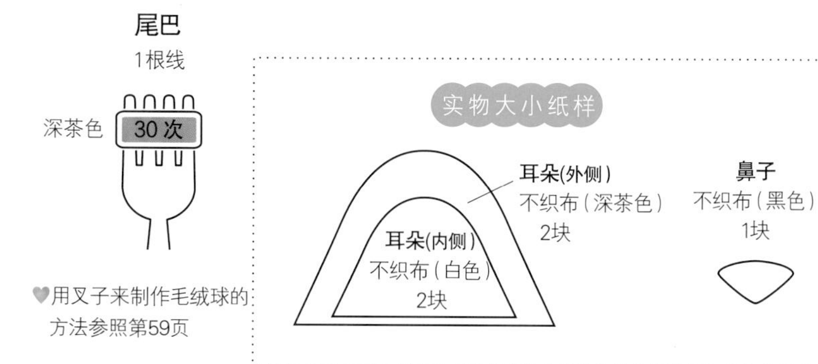

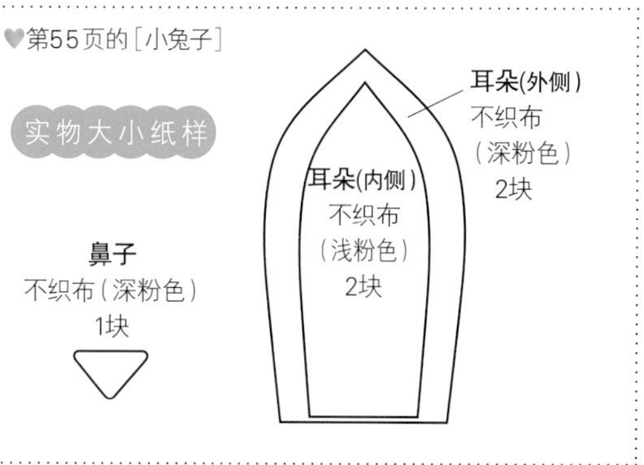

40页 猫咪们的生活

设计、制作
AKIKO堂

［虎斑猫］

●材料
和麻纳卡Piccolo
金茶色(21) 15g、深茶色(17) 15g、白色(1) 3g
玻璃眼睛(黄金色) 直径10.5mm
毛球(白色) 直径20mm 3个、直径15mm 2个
不织布(茶色) 3.5cm×8cm、(粉红色) 3cm×6cm、(深粉色) 1cm×1cm
手缝线(白色)…适量

●工具
直径3.5cm、5.5cm的绒球器，叉子(宽3cm左右)，毛线缝针

●完成尺寸
高 12.5cm

●制作方法
1.缠绕指定次数的毛线，制作各个部分的毛绒球。
2.把头部和身体毛绒球连接起来(参照第13页)。
3.修剪头部、身体，整理形状。
4.制作并粘贴组合前腿、后腿、尾巴(参照第31页的步骤4)。
5.用黏合剂粘贴耳朵、眼睛、鼻口部。

●制作要点
♥注意把毛绒整理成条纹花样。

缠线方法

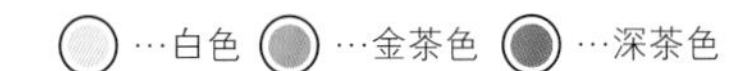

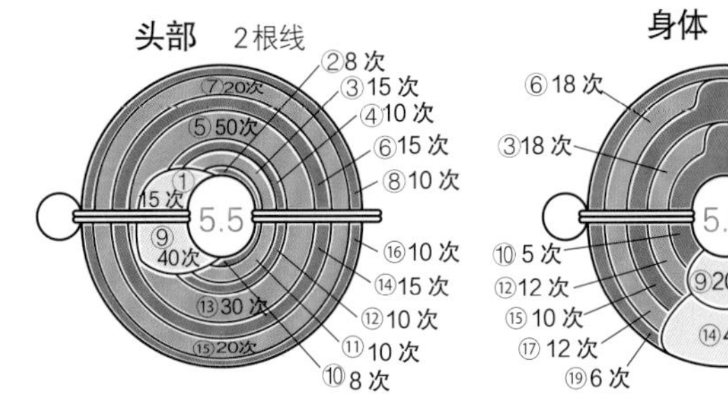

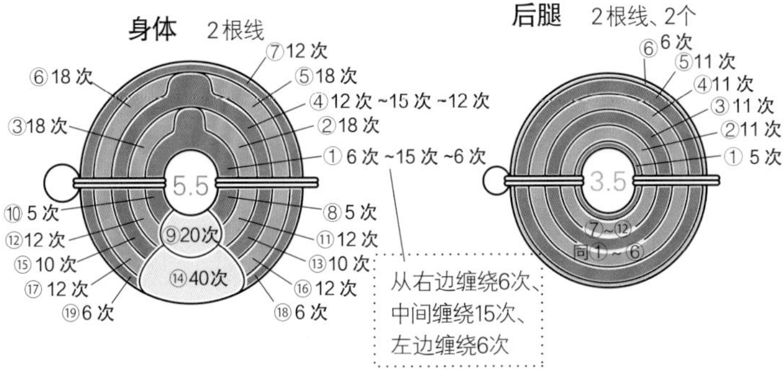

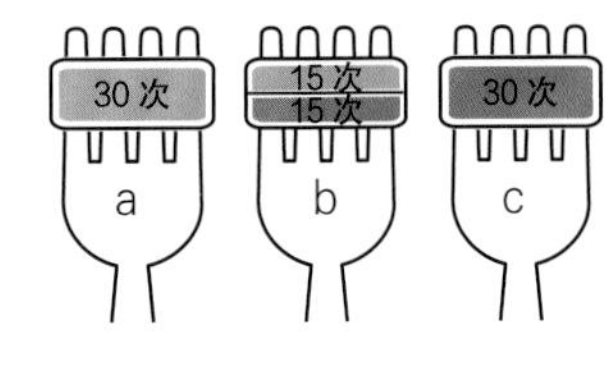

毛绒球的个数

	尾巴	前腿
a	1个	2个
b	5个	6个
c	1个	2个

♥用叉子来制作毛绒球的方法参照第59页

组合方法

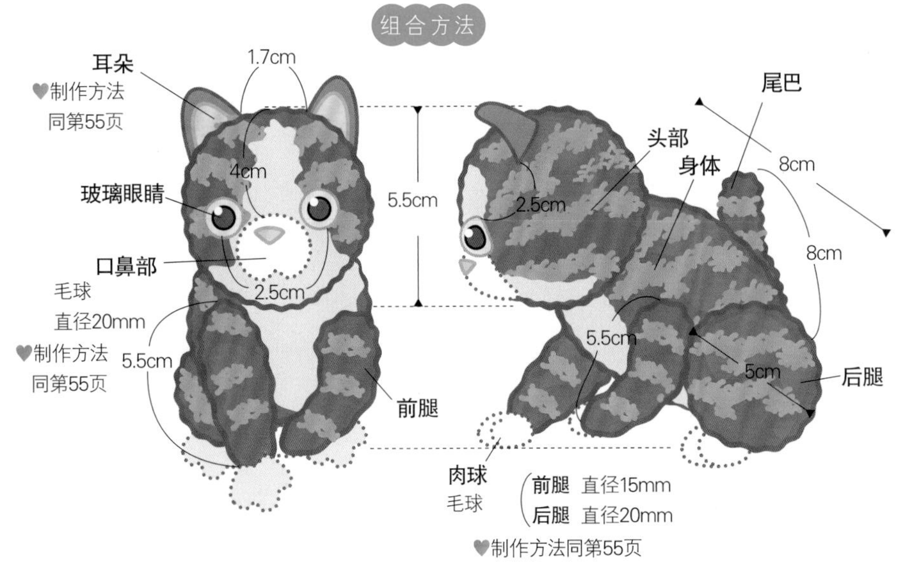

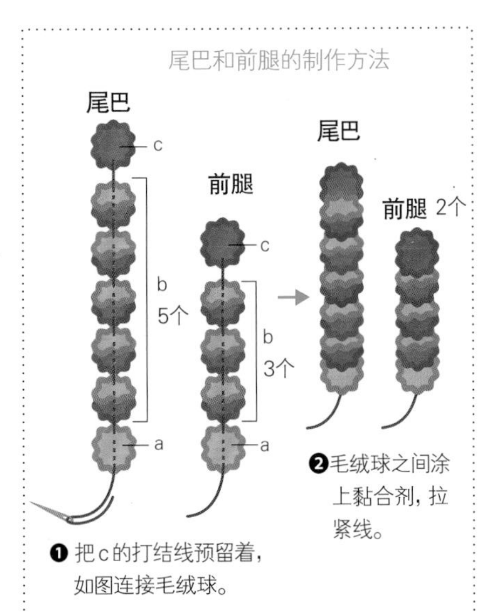

♥耳朵和鼻子的实物大小纸样见第61页

40页 猫咪们的生活

设计、制作
AKIKO堂

[小虎斑猫]

●材料

和麻纳卡Piccolo线
金茶色(21) 5g、深茶色(17) 5g、白色(1) 2g
眼睛(黑色) 直径4mm 2个
毛球(白色) 直径15mm 3个、直径12mm 2个
不织布(茶色) 3cm×7cm、(粉红色) 3cm×6cm、(绿色) 1cm×2cm、(深粉色) 1cm×1cm
手缝线(茶色) 适量

●工具

直径3.5cm的绒球器,
叉子 (宽3cm左右),
毛线缝针

●完成尺寸

高 8.5cm(从耳朵到尾巴)

●制作方法

1.缠绕指定次数的毛线，制作各个部分的毛绒球。
2.把头部和身体毛绒球连接起来(参照第13页)。
3.修剪头部、身体，整理形状。
4.制作并粘贴组合后腿、尾巴(参照第31页的步骤4)。
5.用黏合剂粘贴耳朵、眼睛、口鼻部、肉球。

●制作要点

♥参照第41页图片制作小虎斑猫的背后。
♥前腿上的肉球直接粘贴到身体上。

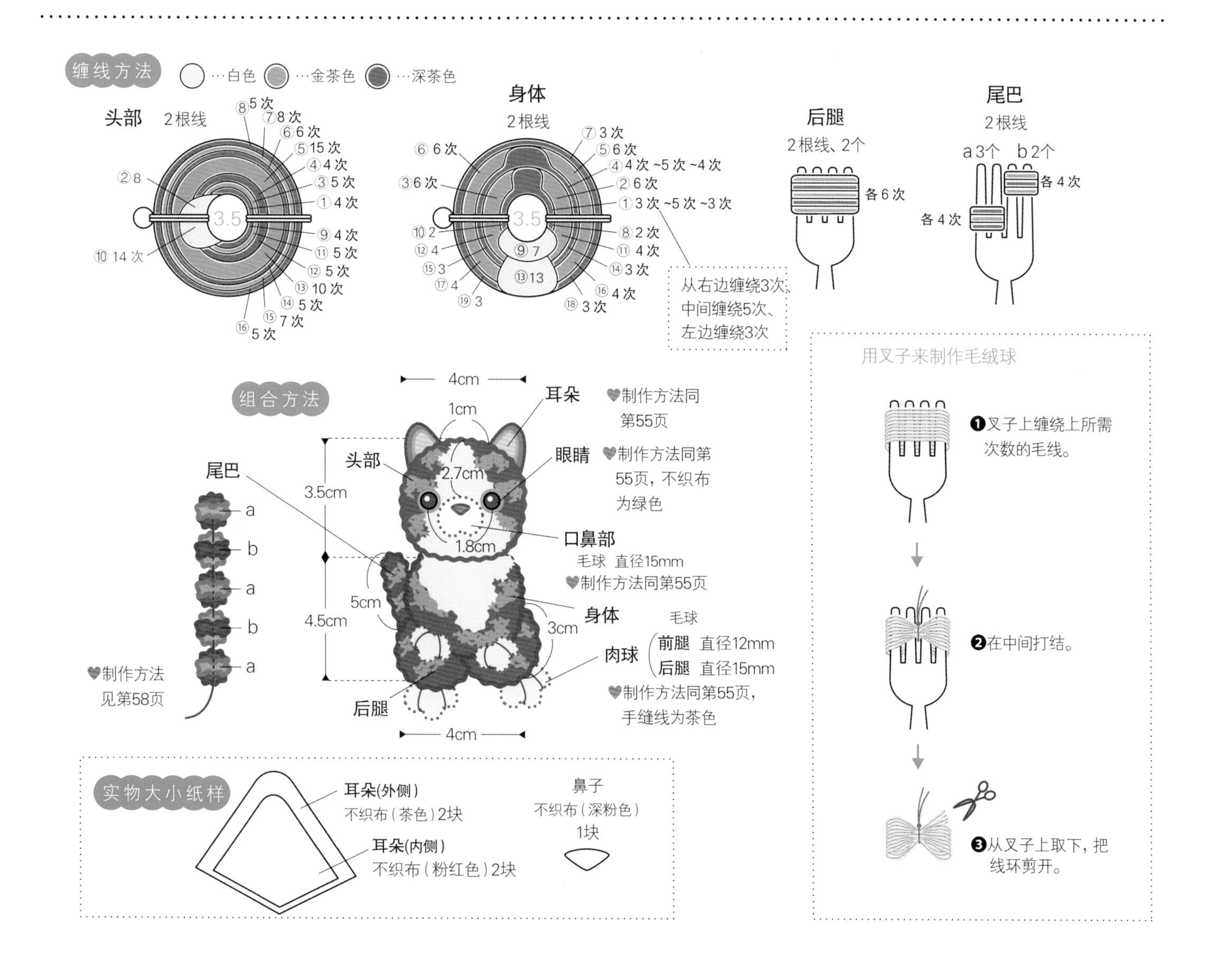

41 页 猫咪们的生活

设计、制作
AKIKO堂

[巧克力色的小猫]

●材料
和麻纳卡Piccolo线
深茶色(17) 30g
眼睛(黑色) 直径8mm 2个
毛球(白色) 直径20mm 1个、直径15mm 2个
不织布(深茶色) 3.5cm×8cm、(粉红色) 3cm×6cm、(茶色) 1cm×2cm、(深粉色) 1cm×1cm
手缝线(白色) 适量

●工具
直径3.5cm、5.5cm的绒球器,
叉子(宽3cm左右),毛线缝针

●完成尺寸
长 16cm(从头部到尾巴)

●制作方法
1.缠绕指定次数的毛线,制作各个部分的毛绒球。
2.把头部和身体毛绒球连接起来(参照第13页)。
3.修剪头部、身体,整理形状。
4.制作并粘贴前腿、后腿、尾巴(参照第31页的步骤4)。
5.用黏合剂粘贴耳朵、眼睛、口鼻部、肉球。

●制作要点
♥参照第41页图片制作小猫的背后。

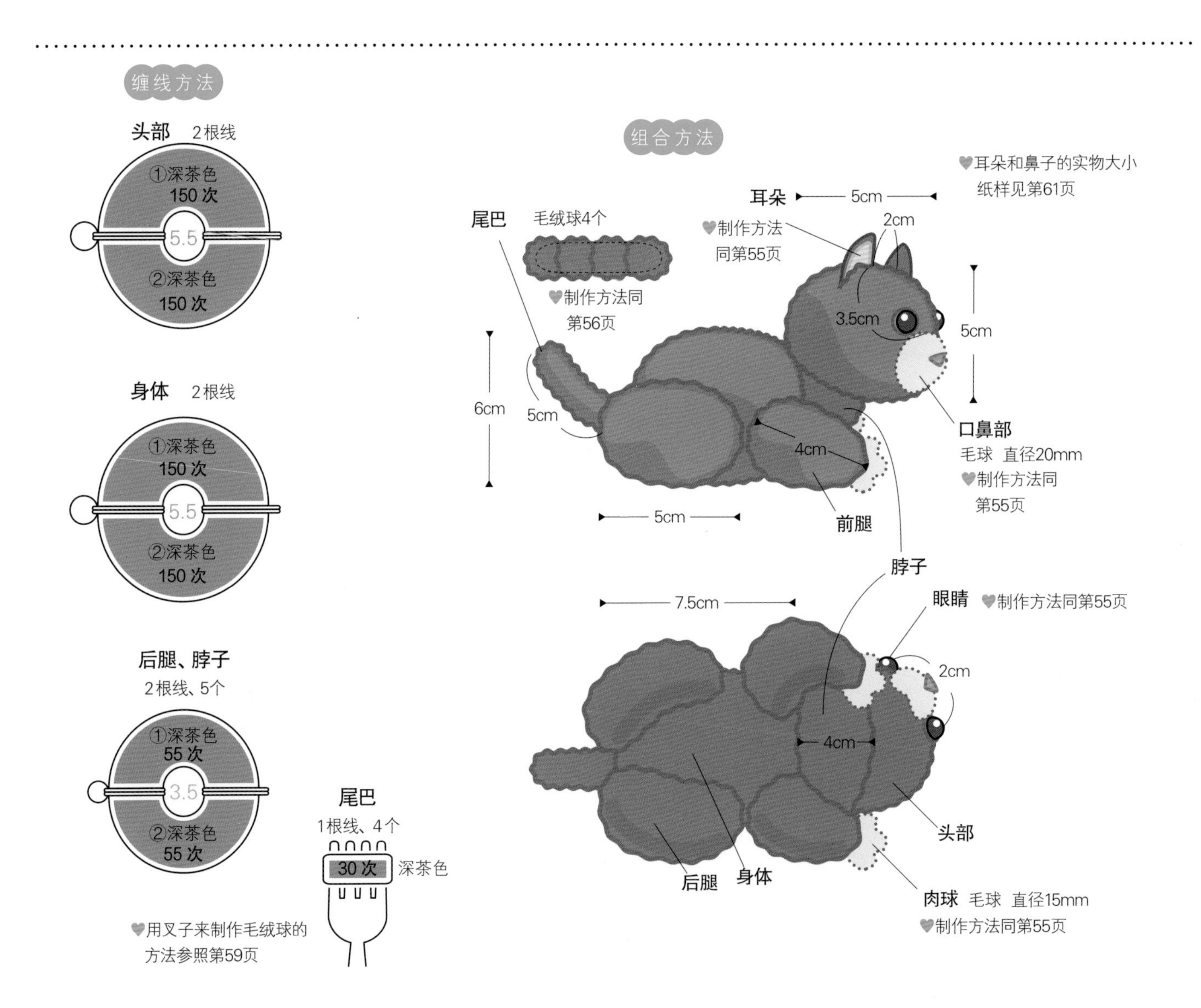

41页 猫咪们的生活

设计、制作

AKIKO堂

[深茶色点缀的白色小猫]

●材料

和麻纳卡Piccolo线

白色(1) 25g、深茶色(17) 3g

眼睛(黑色) 直径8mm 2个

毛球(白色) 直径20mm 3个

不织布(深茶色) 3.5cm×4cm、(白色) 3.5cm×4cm、(粉红色) 3cm×6cm、(绿色) 1cm×2cm、(深粉色) 1cm×1cm

手缝线(白色) 适量

●工具

直径7cm、9cm的绒球器，叉子(宽3cm左右)，毛线缝针

●完成尺寸

长 16cm(从头部到尾巴)

●制作方法

1.缠绕指定次数的毛线，制作各个部分的毛绒球。

2.把头部和身体毛绒球连接起来(参照第13页)。

3.修剪头部、身体，整理形状。

4.制作并粘贴组合前腿、后腿、尾巴(参照第31页的步骤4)。

5.用黏合剂粘贴耳朵、眼睛、口鼻部、肉球。

●制作要点

♥参照第41页图片制作小猫的背后。

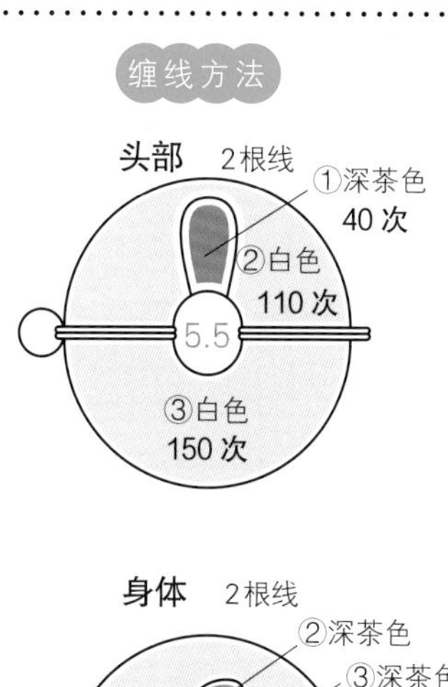

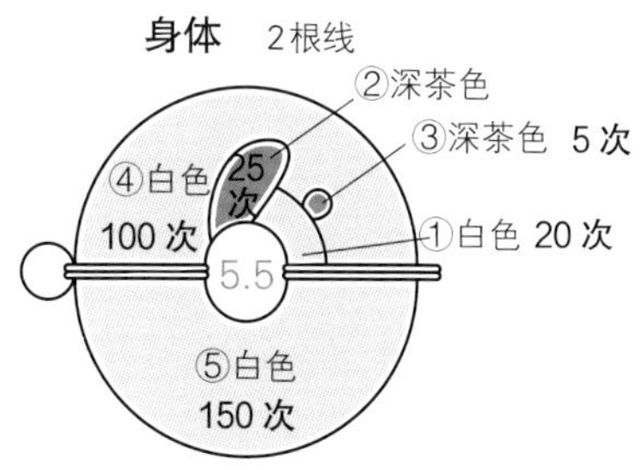

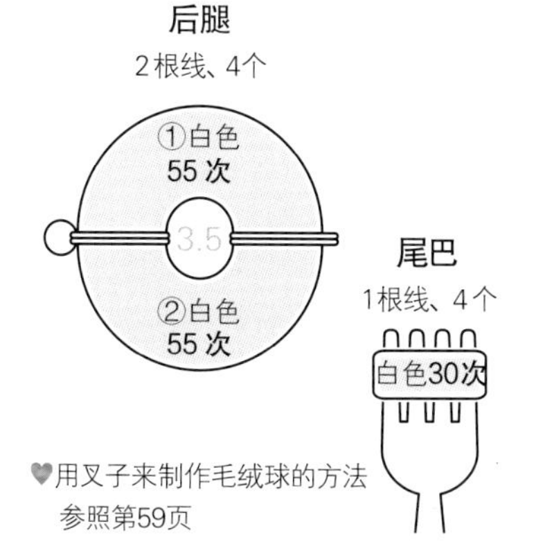

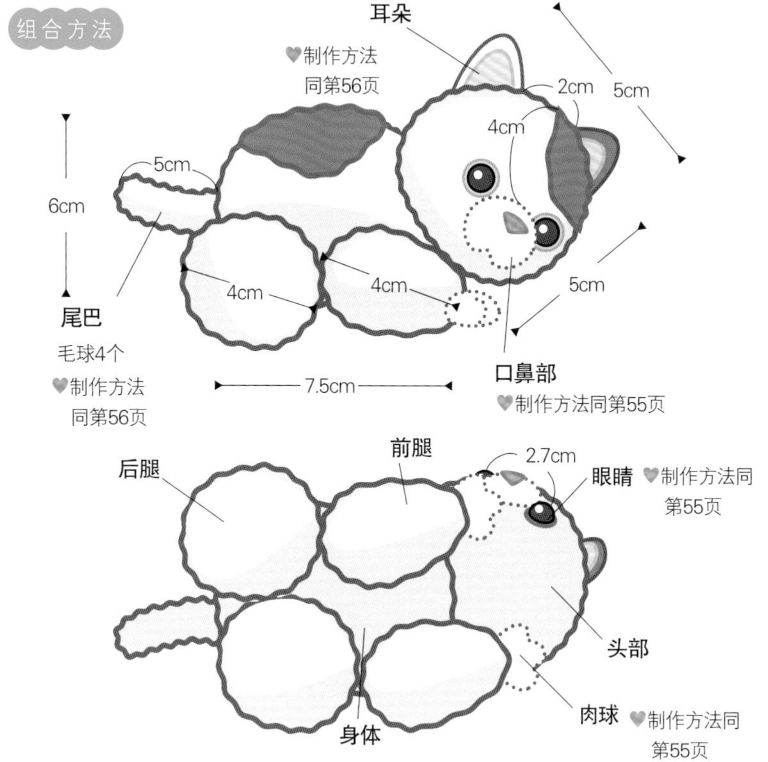

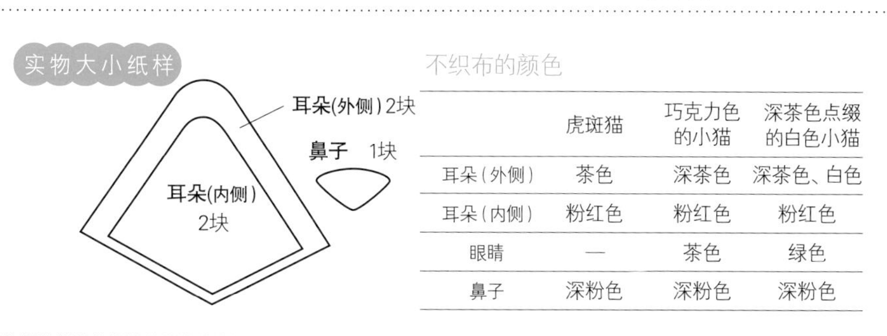

不织布的颜色

	虎斑猫	巧克力色的小猫	深茶色点缀的白色小猫
耳朵(外侧)	茶色	深茶色	深茶色、白色
耳朵(内侧)	粉红色	粉红色	粉红色
眼睛	—	茶色	绿色
鼻子	深粉色	深粉色	深粉色

猫头鹰的小伙伴们

设计、制作
HAMANAKA策划

［三角耳猫头鹰］

●材料

和麻纳卡eco-ANDARIA线
原白色（168） 40g、浅茶色（42） 少量
活动眼睛 直径12mm 2个、
不织布（象牙色） 3.5cm×7cm、
（茶色） 5cm×5cm、（白色） 1cm×6cm
风筝线之类的比较结实的棉线 80cm

●工具

直径9cm的绒球器，宽4.5cm的细长毛绒球用的厚纸板，毛线缝针，熨斗

●完成尺寸

高 11cm

●制作方法

1.缠绕指定次数的毛线，制作身体的毛绒球。
2.修剪身体整理形状。
3.制作眼睛。
4.用黏合剂粘贴耳朵、眼睛、嘴巴、花纹、脚。

●制作要点

♥整理形状时，用蒸汽熨斗熨烫之后，猫头鹰的身体会变得蓬松。

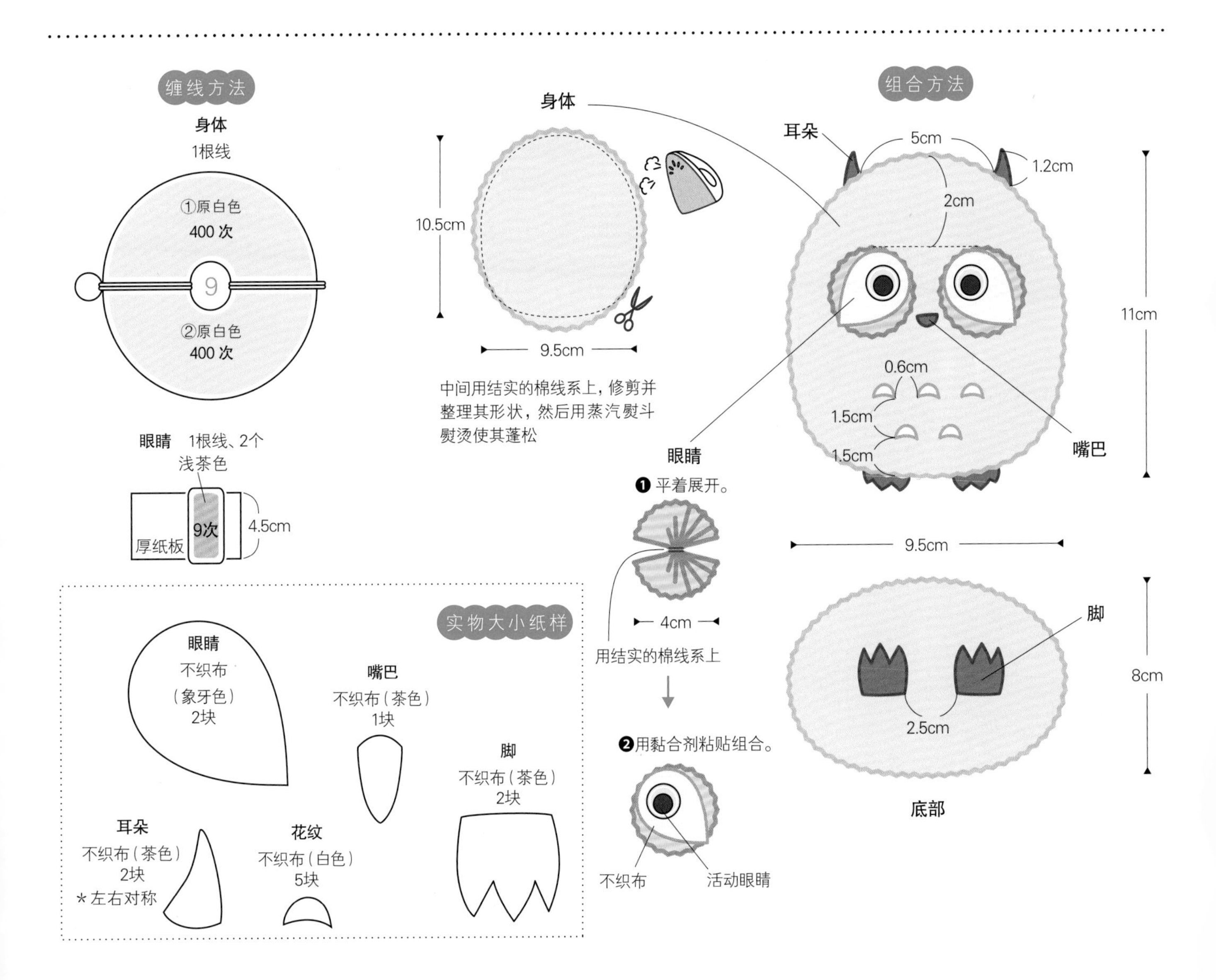

页 猫头鹰的小伙伴们

设计、制作

HAMANAKA策划

●材料

[圆耳猫头鹰]A=浅茶色　B=黄色

和麻纳卡eco-ANDARIA线

A浅茶色(42)、B黄色(11)　25g、A、B白色(1)　7g

不织布　A(金黄色)、B(黄色)　5cm×3cm、

A、B通用　活动眼睛　直径18mm　各2个

风筝线之类的比较结实的棉线　各80cm

[圆耳迷你猫头鹰、超迷你猫头鹰]

和麻纳卡eco-ANDARIA线

浅茶色(42)　13g、白色(1)　4g

活动眼睛　直径12mm　各2个

不织布　[圆耳迷你猫头鹰](金黄色)、[超迷你猫头鹰](黄色)　4cm×2cm、

风筝线之类的比较结实的棉线　各80cm

●工具　[通用]

直径3.5cm、5.5cm、7cm的绒球器，宽4cm的细长毛绒球用的厚纸板，毛线缝针，熨斗

●完成尺寸

高　[圆耳猫头鹰]11cm

[圆耳迷你猫头鹰]8.5cm、[超迷你猫头鹰]7.5cm

●制作方法

1.缠绕指定次数的毛线，制作头部和身体的毛绒球。

2.把头部和身体毛绒球连接起来。

3.修剪头部、身体，整理形状。

4.用黏合剂粘贴眼睛、耳朵、翅膀、嘴巴。

●制作要点

♥整理头部和身体的形状时，用蒸汽熨斗熨烫之后，使猫头鹰的身体变得蓬松。

♥圆耳迷你猫头鹰和超迷你猫头鹰的制作方法和圆耳猫头鹰的制作方法一样，只是尺寸稍微不同。

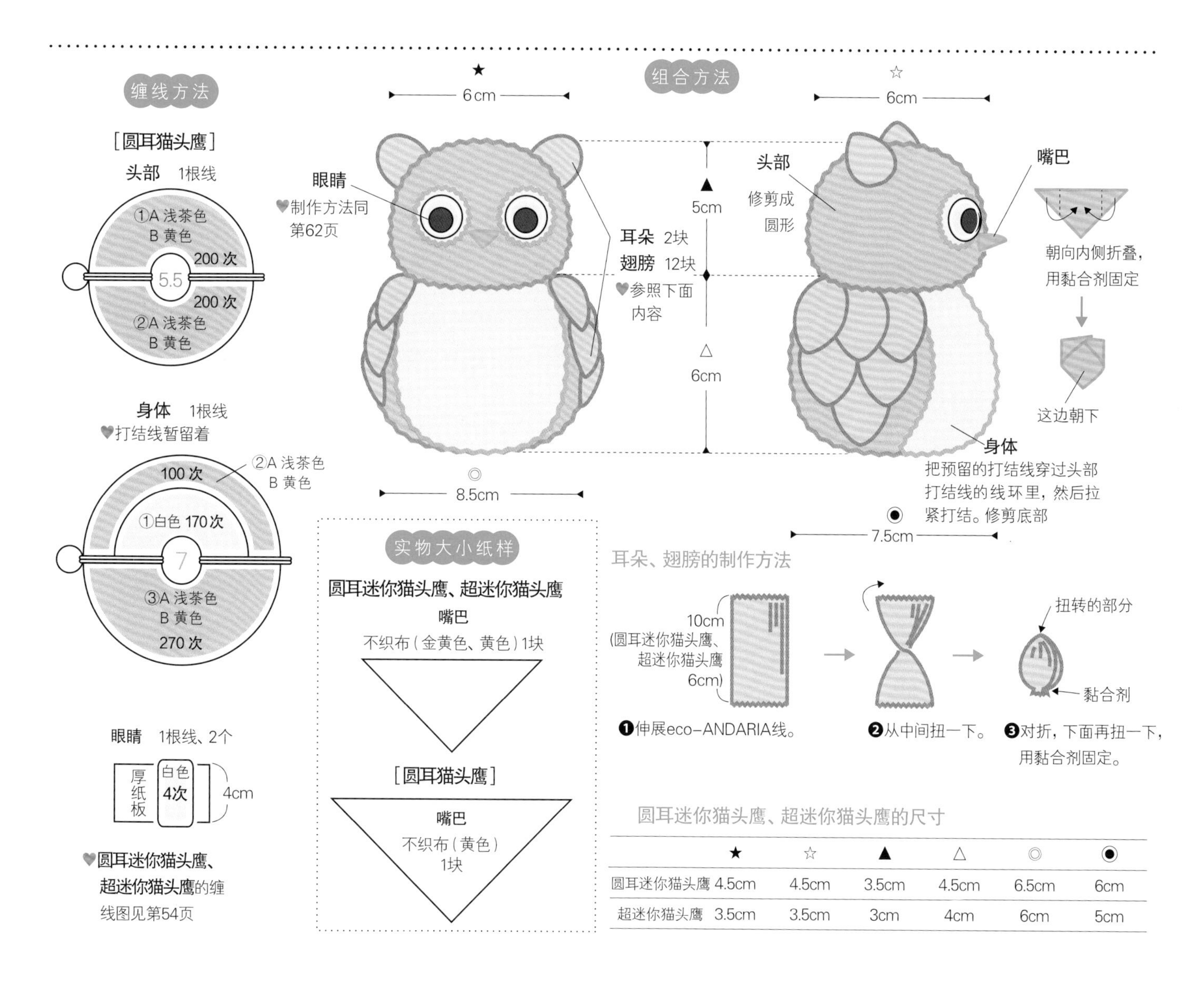

圆耳迷你猫头鹰、超迷你猫头鹰的尺寸

	★	☆	▲	△	◎	◉
圆耳迷你猫头鹰	4.5cm	4.5cm	3.5cm	4.5cm	6.5cm	6cm
超迷你猫头鹰	3.5cm	3.5cm	3cm	4cm	6cm	5cm

图书在版编目（CIP）数据

超可爱的毛绒球小动物 / 日本宝库社编著；陈亚敏译．—郑州：河南科学技术出版社，2017.9
ISBN 978-7-5349-8852-3

Ⅰ.①超… Ⅱ.①日… ②陈… Ⅲ.①织物－玩具－制作… Ⅳ.①TS958.4

中国版本图书馆 CIP 数据核字 (2017) 第 164710 号

出版发行：河南科学技术出版社
地址：郑州市经五路66号　　邮编：450002
电话：（0371）65737028　　65788613
网址：www.hnstp.cn
策划编辑：刘　欣
责任编辑：刘　欣
责任校对：徐小刚
封面设计：张　伟
责任印制：张艳芳
印　　刷：北京盛通印刷股份有限公司
经　　销：全国新华书店
幅面尺寸：210 mm × 260 mm　　印张：4　　字数：100千字
版　　次：2017年9月第1版　　2017年9月第1次印刷
定　　价：32.00元

如发现印、装质量问题，影响阅读，请与出版社联系并调换。